如何走下去

追蹤香港專業服務研究系列

如何走下去

倫理與醫療

陳浩文、區結成

編著

CITY UNIVERSITY OF
HONG KONG PRESS
香港城市大學出版社

編　　輯	陳明慧
實習編輯	何穎珊（香港城市大學公共政策學系三年級）
書籍設計	蕭慧敏　　Création
排　　版	劉偉進　　城大創意製作

國際統一書號：978-962-937-369-6

出版

香港城市大學出版社
香港九龍達之路
香港城市大學
網址：www.cityu.edu.hk/upress
電郵：upress@cityu.edu.hk

©2018 City University of Hong Kong

Towards Sustainability: Medical Ethics and Professionalism
(in traditional Chinese characters)

ISBN: 978-962-937-369-6

Published by

City University of Hong Kong Press
Tat Chee Avenue
Kowloon, Hong Kong
Website: www.cityu.edu.hk/upress
E-mail: upress@cityu.edu.hk

Printed in Hong Kong

我非常欣賞本書從不同角度分析本港醫療系統的可持續性，以專業倫理為本，正視人口老化、日新月異的醫療科技及不斷上升的醫療需求所帶來的巨大挑戰。書中所討論的議題如老年與老化、臨終治療、精神科治療、生物科技及器官捐贈等等，亦帶出了醫療倫理在制訂及實施相關政策時的重要性。

這書蒐集了不同專家對香港醫療系統的精闢見解。我誠意推薦這書，一同深思眼前的挑戰及機遇，繼續提升本港醫療系統的能力及持續性。

陳肇始教授
食物及衞生局局長

*　　*　　*　　*　　*　　*　　*　　*

醫學有趣的地方，在於它既是「科學」，又是「藝術」。一方面它有很多客觀的數據和資料，但同時也有很多情況沒有絕對答案。

隨着人口老化和醫學科技一日千里，醫患雙方都正面對前所未見的情況和道德倫理的爭議。例如醫生應如何把「壞消息」告訴病人（break the bad news）？幾時應全力搶救？又應幾時放手？

此書可貴之處，在於提出了很多不同的觀點供讀者在有關議題上思想和參考，意見縱未一致，卻有互相砥礪、彼此相長之益。

陳家亮教授
香港中文大學醫學院院長

*　　*　　*　　*　　*　　*　　*　　*

面對人口老化和醫療科技的挑戰，本書作者從倫理與醫學的角度，深層討論如何在病人權利和尊嚴與醫療科技間取得平衡，值得大家細閱省思。

梁栢賢醫生
醫院管理局行政總裁

2017年6月，香港城市大學正式成立「香港持續發展研究中心」(The Research Centre for Sustainable Hong Kong, CSHK)，它是一個應用研究策略發展中心，由公共政策學系李芝蘭教授出任中心總監。CSHK秉承從多學科角度分析問題及提供創新解決方案的理念，支援香港持續發展研究樞紐在促進不同界別及區域之間的協作及各項研究項目的開展，以促進香港社會可持續發展。

研究中心成立之前，我們的工作一直是以香港持續發展研究樞紐〔以下簡稱研究樞紐〕名義開展。研究樞紐成立於2016年11月，是一個跨學科的創新研究平台，旨在促進香港學術界，工商業界和專業服務界，社會及政府之間，以及香港與不同區域之間在現實政策領域的重大可持續發展議題上的協作，進行有影響力的應用研究。CSHK總監亦是研究樞紐召集人。今後，研究樞紐會繼續發揮開放式平台的角色，支持CSHK的工作。

欲了解更多有關研究樞紐的活動及發展，歡迎瀏覽研究中心網頁 www.cityu.edu.hk/cshk 及研究樞紐面書 www.facebook.com/sushkresearchhub。

香港持續發展研究中心成立短短一年間，已與不同機構協作不同主題和類型的學術活動，包括調查研究、專業培訓、比賽、講座和研討會，以及簽訂合作備忘錄。

10.31

「香港持續發展研究中心」及「CSHK 一帶一路國際樞紐」開幕典禮暨「連接香港專業服務業與一帶一路國家」座談會

7.22

追蹤香港專業服務研究系列一《突破瓶頸——香港會計業》於香港書展 2017 發佈

2017

9.14

「香港專業服務在一帶一路」專業培訓系列（一）：會計專業和企業在一帶一路項目的經驗（與德勤（中國）會計師事務所合辦）

10.21

「從國家策略看粵港澳大灣區的意義」研討會（聯合主辦）

3.21
香港未來與粵港澳大灣區新書發佈會暨
公開講座（與香港城市大學出版社合辦）

4.26
青年及香港持續發展研討
系列（一）：年輕會計師
在大數據時代和「一帶一
路」倡議的良機

5.7
「會計師與一帶一路意見調查」結果發佈會（與香港華
人會計師公會合作）

11.17、12.7
中心成員獲邀到訪不同中學，向中學生介
紹一帶一路

2018

11.1
與深圳大學中國經濟特區研究中心簽訂戰略合作備忘錄

2.12
直面香港深層次矛盾研討系列（一）：資本主義的貧
困及其救治——論首次分配的蝴蝶效應

目錄

總序

何謂「專業精神」?在專門的技能及知識基礎上發揮對工作充滿熱忱的價值觀和品質,亦即「敬業樂業」的精神。具備專業精神的人,熱愛自己從事的工作,忠於使命,充滿責任感,在知識、技能、質素、態度和品格等方面有內在推動精益求精、推陳出新的要求,超越一般人的水準,甚至達到一種忘我的境界。

憑藉「專業精神」,香港的專業服務業聞名國際,是香港作為「國際大都會」的重要體現和品牌。金融、會計、法律、醫療、教育、建築、設計等各專業服務業領域,也是推動香港經濟和社會發展的優勢產業。面對時代急促的轉變,有關香港專業服務業的業界人士、政策制定者、學者以至社會上不同的持分者,必須全面了解時局和產業發展,好好裝備自己,迎接來自各方面的機遇和挑戰。如何秉持優良傳統價值、發揮獨特多元優勢、吸引世界頂尖人才等,是香港專業服務業持續發展的核心關鍵。

香港城市大學香港持續發展研究中心(CSHK)一直關注香港專業服務業的持續發展,與香港城市大學出版社共同推出「追蹤香港專業服務研究系列」叢

書，旨在透過與香港專業服務業持分者及其受眾的對話和協作，有機地結合理論分析和持分者觀點，追蹤香港專業服務業的優勢、機遇和挑戰，為香港專業服務業「把脈」，從而推動香港專業服務業以至香港社會的持續發展。

李芝蘭
「追蹤香港專業服務研究系列」主編
香港持續發展研究中心總監
香港城市大學公共政策學系教授

序言

　　醫療，是香港專業服務業的重要支柱產業之一；香港的醫療服務和技術，在世界上是數一數二的先進。承接去年系列的第一冊《突破瓶頸——香港會計業》，本書乃「追蹤香港專業服務研究系列」的第二冊，追蹤香港醫療專業服務業。

　　與世界眾多先進經濟體一樣，香港正邁向「銀齡社會」，醫療政策改革與技術創新的需求愈來愈高，行業裏不同資源分配的討論愈趨殷切，香港醫療專業服務的持續發展將面臨甚麼機遇和挑戰？再者，醫療是直面「人」的行業，是對「人」最為貼身的專業服務之一，思考人性、道德、倫理和價值觀等一切有關「人」的議題便更為尤關重要。因此，本書從人本的生物醫學倫理角度出發，探討當前香港醫療專業服務業的持續發展，期望綜合業界不同持分者的經驗和洞見，為香港醫療專業服務業的持續發展「把脈」。

　　作為香港持續發展研究中心總監，我必須衷心感謝本書的編輯、專題文章作者以及香港城市大學出版社多個月來的努力編寫和製作。編輯陳浩文博士是應用倫理哲學的學者、專家，香港城市大學公共政策系副教授；另一位編輯區結成醫生，是香港中文大學生

命倫理學中心總監、老人科及康復科專科醫生。兩位編輯對公共政策和應用倫理學有深入的研究和見解。本書的專題文章作者主要來自醫療專業服務業界,他們的親身經驗和觀察,都很值得我們參考和反思。出版社的精心製作和設計,增加本書對不同讀者的吸引力,有助建立更廣泛的公眾關注和討論。

從搖籃到墳墓,人總不能離開醫療服務。在眾多專家的引領下,就讓我們開展對醫療服務的深入追蹤和探索,為香港和下一代的持續發展尋找良方!

香港持續發展研究中心總監
香港城市大學公共政策學系教授
2018 年炎夏於香港城市大學

鳴謝

　　本書得以付梓，需要感謝各位在百忙中為本書獻文的業界朋友和學者，以及協助編輯工作的香港城市大學公共政策學系兼任研究助理徐俊傑、莫嘉琪同學和盧嘉錚同學，還有統籌出版事宜的香港城市大學出版社。我們亦衷心感謝為本書撰寫推薦語的食物及衞生局局長陳肇始教授、香港中文大學醫學院院長陳家亮教授及醫院管理局行政總裁梁栢賢醫生。

　　編撰本書的目的，是讓讀者從倫理角度了解香港醫療專業和制度的持續發展所遇到的問題。希望讀者會喜歡本書，讀後能夠有所啟發。本書如有闕失，文責當由編者自負。我們期待得到大家的回應，如對本書有任何問題或意見，請電郵至 sushkhub@cityu.edu.hk 與我們聯繫，謝謝！

陳浩文、區結成

作者簡介

江德坤 香港內科醫學院院士、英國（倫敦，愛丁堡，格拉斯哥）皇家內科醫學院榮授院士及香港醫學專科學院院士。1988 年他獲頒英聯邦醫學院士，受訓於曼徹斯特大學老人科學系。他曾任瑪嘉烈醫院老人科顧問醫生及老人科主管、香港老人科醫學會會長及其雜誌總編輯。他是三本書籍的總編，亦是一些國際學術刊物（如 *CME Journal Geriatric Medicine*、*Aging Medicine*）的編委。他現時是威爾斯親王醫院老人科部門的顧問醫生及香港中文大學內科及藥物治療學系榮譽臨床副教授。他也是香港大學內科學系、家庭醫學及基層醫療學系、人文醫學及倫理醫學部榮譽臨床副教授。

李志光 現任職香港中文大學兒科學系教授，威爾斯親王醫院包秀英兒童癌症中心主任。2004–2014 年威爾斯親王醫院兒科部門主管及中文大學 —— 新界東醫院聯網臨床倫理委員會主席。現為國際兒童癌症學會（SIOP）亞洲區會長，中國抗癌協會小兒腫瘤專業委員會副主任委員。過去多年推動香港和內地治療兒童癌症，參與多個國際白血病臨床研究。近年積極推廣兒童紓緩服務，希望能將服務擴展到非癌症兒童，並成立香港兒童紓緩學會。

林德深　香港兒科醫學院院士，英國愛丁堡皇家內科醫學院院士及香港醫學專科學院院士。林醫生曾任衛生署遺傳科顧問醫生及醫學遺傳科主管。他也是香港中文大學醫學院榮譽教授。林德深醫生於 1987 年創立香港醫學遺傳學會，成為創會主席。他曾任亞太人類遺傳學會的會長（2011–12），及國際人類遺傳學會聯盟的會長（2012–14）。他曾編寫超過 100 篇文章及參與兩本書籍的編輯工作。除此之外，林醫生亦參與一些國際學術刊物如醫學遺傳（*Clinical Genetics*）的編輯工作。2016 年 7 月開始，他擔任香港養和醫院醫學遺傳科主任和醫學遺傳科名譽顧問醫生。

冼藝泉　現任醫院管理局總行政經理（病人安全及風險管理）及中文大學醫學院兒科名譽副教授。1994 年醫學院畢業後，在香港威爾斯親王醫院兒科工作超過十年並取得專業資格，興趣專注於兒科腦神經內科腦病的外科手術治療技術。2006–2010 年間，任職醫院管理局總辦事處的聯網服務部高級行政經理（轉型計劃），負責配合政府醫療改革政策，制定各項公私營合作醫療服務計劃。於 2010 年獲醫院管理局總部調派到聯合醫院，歷任聯網總監助理及總行政經理（專職服務發展及轉型），協助聯合醫院擴建計劃、聯網運作，週年計劃及風險管理等事務。於 2013–2015 年間任九龍東聯網服務總監（質素及安全），同時於 2014–2015 年間擔任代理靈實醫院行政總監。

范瑞平　美國萊斯大學（Rice University）哲學博士，香港城市大學人文社會科學學院生命倫理學及公共政策講座教授。兼任《中外醫學哲學》（香港）聯席主編，《醫學與哲學期刊》（*Journal of Medicine and Philosophy*，美國）副主編，《中國醫學倫理學》（中國內地）副主編，國際「哲學與醫學」叢書（Springer）編委。發表英文論文 80 餘篇，中文論文 70 餘篇。有英文專著《重構主義儒學：後西方道德問題反思》（2010）及中文專著《當代儒家生命倫理學》（2011）。主編及聯席主編工作包括英文專著《儒家生命倫理學》（1999）、《當代中國的儒學復興》（2011）、《禮學及德性生活》（2012）、《儒家政治制度》（2013）及《以家庭為基礎的知情同意》（2015），以及中文專著《儒家社會與道統復興》（2008）、《儒家憲政與中國未來》（2012）及《建構中國生命倫理學：新的探索》（2017）。

徐俊傑　現任香港城市大學專上學院社會科學學部兼任講師及公共政策學系兼任研究助理。曾經參與多個研究項目，包括醫療倫理及國族身份認同等等。撰譯文章見於《社會倫理通識》（牛津大學出版社，2012）、《特區管治的挑戰》（香港城市大學出版社，2017）及《生活倫理學》（匯智出版，2018）。

陳浩文　香港大學文學士及哲學碩士，英國蘇塞克斯（Sussex）大學知識庫系統科學碩士，美國明尼蘇達（Minnesota）大學哲學及認知科學博士，現任香港城市大學公共政策學系哲學副教授。主要教學及研究範圍包括社會政治哲學、倫理學、理性與創意思考等等。研究論文曾在 *Journal of Medical Ethics*、*Bioethics*、*Journal of Medicine and Philosophy* 等國際期刊和文集發表。現任香港醫院管理局臨床倫理委員會副主席及香港生命倫理學會主席。聯編文集包括《社會倫理通識》（2012）和《生活倫理學》（2018）。

張文英　註冊護士，為香港理工大學兼任副研究員，香港城市大學公共及社會行政榮譽文學士及專用英語文學碩士，香港大學公共衛生碩士，香港理工大學哲學博士，博士論文研究 2003 年嚴重急性呼吸系統綜合症（沙士）及 2009 年豬流感的公共衛生及風險溝通。

梁挺雄　香港中文大學賽馬會公共衛生及基層醫療學院教授。梁教授是公共衛生專家，在疾病控制、衛生服務管理和衛生監管方面擁有豐富的經驗，曾擔任世界衛生組織傳統醫學和非傳染病短期顧問。梁教授一直積極參與公共衛生專科醫生的培訓和考試，並曾任香港醫學專科學院香港社會醫學學院副院長。

區結成 畢業於美國布朗大學醫學院，老人科及復康專科醫生。歷任九龍醫院康復科部門主管、九龍醫院及香港眼科醫院行政總監。2010 年任醫院管理局人力資源主管，2014 年出任質素及安全總監。現任醫院管理局臨床倫理委員會主席。2017 年任香港中文大學生命倫理學中心總監。撰寫專欄多年，筆名區聞海。出版散文集及專題著作 12 本，包括《當中醫遇上西醫 —— 歷史與省思》（2006 年獲國家文津圖書獎）及《醫院筆記 —— 時代與人》（2016）等。

黃大偉 畢業於香港大學醫學院，急症科專科醫生。曾就讀於中文大學、新南威爾斯大學及城市大學，獲頒工商管理碩士、衛生管理碩士和語言及法律文學碩士。現為醫院管理局的急症科顧問醫生，亦為香港大學醫學院榮譽臨床副教授。

鄧麗華 香港精神科醫學院院士、英國皇家精神科醫學院榮授院士及香港醫學專科學院院士（精神科）。她現任東區尤德夫人拿打素醫院精神科顧問醫生。她曾為港島東醫院聯網服務總監（精神健康）及東區尤德夫人拿打素醫院精神科部門主管。過去六年她出任醫院管理局精神科統籌委員會主席。她現亦為香港大學醫學院精神科榮譽臨床副教授。

衛家聰　畢業於香港中文大學，於威爾斯親王醫院接受急症專科訓練，期間獲得香港中文大學法律博士及香港科技大學工商管理碩士學位，及後轉至醫院管理局總辦事處擔任行政經理，負責醫療科技管理。衛醫生現時擔任香港大學李嘉誠醫學院急症醫學部臨床助理教授，參與內外全科醫學士及護理學士課程有關「急症醫學」、「醫學人文、法律及倫理」、「公共衛生領袖服務學習」課程的設計和規劃。

謝俊仁　在 1973 年畢業於香港大學醫學院，為香港內科醫學院院士、香港社會醫學學院院士、香港醫學專科學院院士、以及英國（倫敦及愛丁堡）皇家內科醫學院榮授院士，2005 年退休。其間歷任基督教聯合醫院內科主管、該院行政總監、以及九龍東醫院聯網總監。退休後積極參與生死教育，並於 2005 年至 2017 年間，任醫院管理局臨床倫理委員會主席，負責制定有關生命晚期治療抉擇的臨床倫理指引。現時為香港紓緩醫學學會榮譽顧問。

羅德慧　畢業於香港大學法律學院及醫學院，從事法律工作多年，近年並致力醫療法律、臨床道德及中醫藥學的教學和研究。現為香港中文大學醫學院中西醫結合醫學研究所客席副教授、中醫學院客席副教授。

如何走下去——
倫理與醫療

陳浩文

香港城市大學公共政策學系哲學副教授

可持續性（Sustainability）這概念是源自環境學科對社會發展的探討，環境學學者一般認為人類社會可以持續地跨代發展下去。除了保護環境，還要兼顧環保和經濟可持續發展之間的矛盾關係，亦要同時處理推行環保政策所引起的各種社會問題，包括如何公平分擔環保責任和其他倫理問題，政治上是否可行等等（圖 1）。基於以上的理解，我們可以把可持續性發展這個概念引伸應用來討論醫療制度的發展。醫療制度的可持續發展，有賴制度能否為個人和社群提供有質素的服務，但亦要兼顧資源有限的經濟問題。在處理這個問題，還要處理如何公平地分配醫療資源和融資的責任。除了這個倫理問題外，亦要處理提供優質服務時要面對的其他倫理問題，包括如何處理好醫患關係（Doctor-patient relationship）等等，但處理這些問題時，亦常會反過來令資源有限和公平分配的問題更加嚴重（圖 2）。

本書的出版目的，是希望從可持續發展的角度去探討醫療服務質素、資源和醫療倫理的關係。

這本書的文章主要環繞以下主題：

醫療倫理中的一個核心問題是如何處理醫護人員、病人和家庭的關係，也是第一個主題。區結成（第一章〈病人自主與家庭〉）對主題作一個全面的探討，並且討論在不同情況下的不同處理方法，對病

圖 1　環境科學與社會經濟的關係

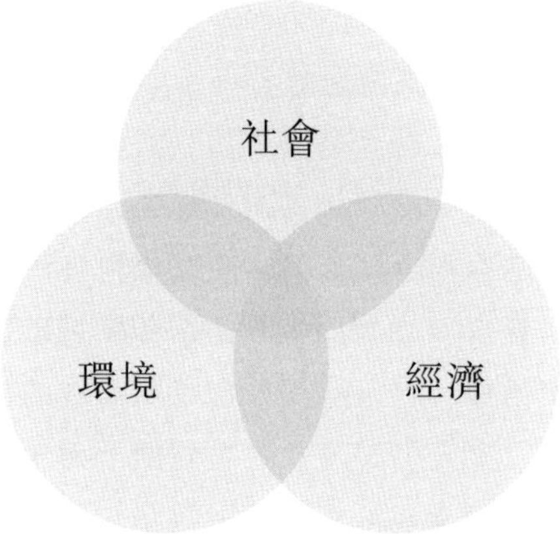

社會

環境　　經濟

圖 2　資源公平分配圖

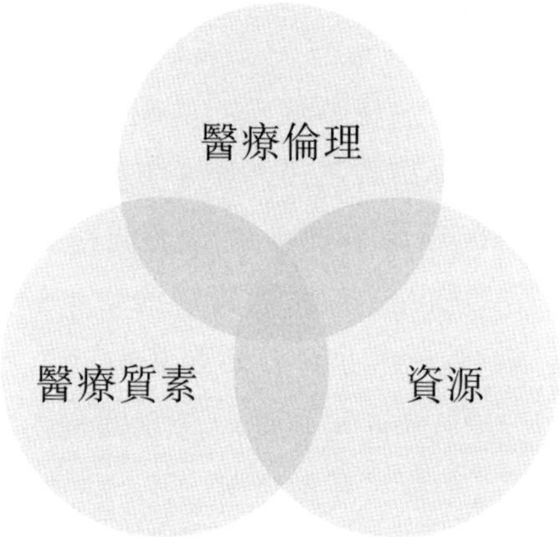

醫療倫理

醫療質素　　資源

人的福祉有什麼影響。醫護人員可以引進新科技來提高醫療服務水平，但有時亦會對病人和研究參與者帶來負面影響。衛家聰（第四章〈生物醫學科技的研發與應用〉）從醫療倫理的角度，討論這個問題。知情同意原則要求醫護人員要令病人或研究參與者了解可以得到的好處和風險，從而作出自己的決定，衛家聰有討論這個倫理原則如何規範醫療科技的研發。而張文英（第五章〈知情同意〉）亦有探討這個原則如何規範臨床治療和應用這個原則時所引起的倫理問題，包括病人、家人與醫護人員之間的矛盾。醫療服務質素有賴於社會能否給予醫療專業自主和自我監察的權利，但是若果不對權利作適當的限制，就未必會保障到病人的福祉以及公眾利益，羅德慧（第十二章〈專業自主權與公眾利益〉）亦有對這個問題作探討。

第二個主題是提高醫療質素和資源有限之間的矛盾。冼藝泉（第三章〈醫療資源分配與融資改革〉）探討這個問題和討論各個不同的融資方案，又因不同方案會對不同群組有不同影響，從而引申出如何公平分配醫療資源和融資責任的倫理問題。梁挺雄（第十三章〈公共衛生〉）在討論公共衛生倫理時，亦提出要縮窄不同群組的差別。張文英（第五章〈知情同意〉）指出完全依從知情同意原則會對資源構成壓力。陳浩文、范瑞平和徐俊傑（第十章〈器官捐贈——不是自願便是默許？〉）也指出如要增加器官供應以作移植之用，需要增撥資源，改善現行器官捐贈網

絡。黃大偉（第十一章〈醫療失誤與病人安全〉）和江德坤（第二章〈老年與老化〉）亦分別指出妥善預防、處理醫療事故和提供充足老人醫療服務，需要投入很多資源，這會對醫療制度可持續發展帶來影響。

第三個主題是討論在不同主要醫療範疇提供優質素的服務時遇到的倫理問題。這本書亦對以下範疇作探討：

1. 由於人口持續老化，提供有質素的老人科服務變得更有迫切性，江德坤（第二章〈老年與老化〉）討論除了資源分配的公平問題，同時還要面對其他倫理問題。

2. 死亡過程是所有人均需要經過，謝俊仁（第六章〈臨終治療抉擇〉）討論提供有質素的臨終治療時面對的抉擇、不同抉擇引發的倫理問題和如何解決這些問題。

3. 兒童的心智未完全成熟，所以兒童病人與家人以及醫護人員的關係很多時和成年病人的關係不一樣，李志光（第七章〈兒童醫療倫理 —— 家長與兒童〉）討論這些獨特的問題。

4. 基因遺傳篩選可以用來幫助預防和治療新生兒童的先天疾病，但亦會令兒童失去了不知情權和令家長和兒童對將來產生焦慮，林德深（第八章〈新生兒遺傳篩選的倫理討論〉）將會探討這個倫理問題。

5. 很多香港人未必知道有不少人患有精神病，因此精神科治療是一個重要的醫療服務範疇，鄧麗華（第九章〈精神科治療與醫學倫理〉）討論提供適切的精神科治療要面對的倫理問題。

6. 香港不少病人需要器官移植以挽回生命，但是可移植器官的供應嚴重不足，陳浩文、范瑞平和徐俊傑（第十章〈器官捐贈 —— 不是自願便是默許？〉）討論不同提高捐贈器官方法的有效性和所引發的倫理問題。

7. 醫療事故與病人福祉有直接關係，亦是很多市民十分關注的議題，除了資源方面，黃大偉（第十一章〈醫療失誤與病人安全〉）亦探討預防和處理事故所面對的倫理問題。

8. 沙士（SARS）事件發生後，社會更加關注公共衞生，政府提供有質素的醫療服務時，除了照顧個別病人外，還要用公共衞生政策來提升整體社群的健康質素，梁挺雄（第十三章〈公共衞生〉）討論制訂和執行這些政策時所面對的倫理問題。

最後，區結成在本書的結論引導讀者反思這本書提出的種種問題並作出解決的辦法，與讀者分享。

第一章
病人自主與家庭

區結成
香港中文大學生命倫理學中心總監

談到醫患關係，人們或許只會想到醫生與患者雙方，以及醫生應該如何對待患者，例如前者應該尊重後者的個人自主。事實上，患者家屬的角色亦不容忽視。醫生、患者和家屬三方有互相配合補足的一面，但在互動中也有張力，可能發生抗衡甚至矛盾的情況。如何理解三者的關係以及調解其衝突，不單是一道倫理課題，亦關乎香港醫療制度的可持續發展。

現代醫學教育，在倫理部分必定會講授 T. L. Beauchamp & J. F. Childress 的醫學倫理四大原則。這四大原則首先提倡於他們在 1979 年合著出版的書《生命醫療倫理學原則》（*Principles of Biomedical Ethics*）。此書至 2010 年已出了第七版，四大原則成為醫學倫理入門的 ABC。這四大倫理原則分別是「尊重自主」（Respect for autonomy）、「不予傷害」（Non-maleficence）、「行善裨益」（Beneficence）和「公平公正」（Justice）。

這四大原則的排序本來沒有輕重優先之分，但「尊重自主」常被視為是首要一條。在現代社會，醫生須尊重病人自主似乎是不言而喻的，除非患者精神上沒有能力，否則，他有權利得知自己的診斷結果、治療方案的利弊和選擇。治療須經他的同意，他亦有權拒絕。

香港實行普通法，「個人自主不受侵犯」受法律保障。在一個精神上有行為能力的病人，如果未經同意而進行治療干預，可以視為侵犯甚或襲擊。

在香港，醫療專業自主亦受法律保障。醫生專業操守由法定機構香港醫務委員會（下稱「醫委會」）自主管理，醫委會有《香港註冊醫生專業守則》規範醫生的專業行為。守則雖有相當的篇幅是關乎同業之間的關係和避免利益衝突，但主體還是關於醫患關係和尊重病人權利。

公眾信任是醫療專業得以自主並持續發展的基石。一般而言，香港社會對醫生專業的信任度是很高的，儘管近年也時有促請醫委員增加公眾參與的聲音。

信任包括醫術和醫德兩方面，本書的焦點在醫療倫理。就醫療倫理而言，《香港註冊醫生專業守則》採納了世界醫學會的「醫學倫理國際守則」和《日內瓦宣言》作為參照。

《日內瓦宣言》

《日內瓦宣言》基本上是一份各國通用的「醫師誓詞」。受訓完成的新醫生須唸誦誓詞，配合這個嚴肅行為，宣言內容便成為專業的倫理規範。2017

年 10 月，世界醫學會在美國芝加哥大會上通過了對宣言的修訂，為強調病者自決原則的重要性，「醫師誓詞」特別新增一條：「我將尊重病人的自主權與尊嚴。」

經此修訂，尊重病人自主權正式成為世界各地醫師之間的共識。[1]為什麼《日內瓦宣言》要到 2017 年才正式標示「尊重病人的自主權」這條原則？筆者相信它是各國醫師得來不易的共識。

在此之前，世界醫師的共識是尊重病人，但標明「個人自主」是一種權利，這涉及個人主義的價值觀，就不一定是普世接受的。當然，在醫患關係，最重要的倫理關係是醫生與病者之間的關係，似乎理所當然地以病者個人為基礎；然而，有人會質疑，個人是家庭中的成員，在重大的醫療決定是否也應當尊重家庭的參與，而非一味強調病者個人隱私和病人自決？

家庭共決？

在中國儒家思想，家庭為本是個核心價值。浸會大學羅秉祥教授有文章提出，醫療決定應是由家

---

1. Parsa-Parsi, Ramin Walter (2017). "The Revised Declaration of Geneva: A Modern-Day Physician's Pledge". *JAMA*, [online] Volume 318 (20), pp. 1971–1972. Available at: doi:10.1001/jama.2017.16230 [Accessed 14 Oct. 2017].

庭成員共同協商而來的家庭決定。他認為，在今天中國內地與香港的公立醫院，醫療實踐上常是由家庭成員與病人「共同決定」（Co-determination）治療方案，而並非純粹由病人個人「自我決定」（Self-determination）。他列舉 2002 年香港《醫管局對維持末期病人生命治療的指引》為例，說《指引》中有一個顯著特徵是廣泛地使用「病人/家人」或「病人和家人」的字眼。[2]

對羅秉祥的主張，廣州醫科大學衛生管理學院院長劉俊榮表示並不贊同。他指出，「家庭共決」的前提是必須有助於減少病者的痛苦且不違背他的意願。「家庭共決」是以患者與家庭成員之間能達成共識為基礎，而各家庭成員之間亦要有共識。這亦要求家庭成員對患者的病情有足夠的認識和理解。如果「共決」涉及放棄治療的決定，那麼要小心參與「共決」的家人不得借此而謀取利益，例如財產繼承。

進一步而言，如果家庭成員凌駕病者意願，政府、社會或第三方如醫務人員最終是有必要介入。[3]

2. 羅秉祥（2013）。〈家庭作為弱勢人群的首重保障：儒家倫理與醫療倫理〉，《中外醫學哲學》。香港：香港浸會大學應用倫理學研究中心。第 XI 卷第 2 期，7–30 頁。
3. 劉俊榮（2013）。〈「家庭共決」保障脆弱人群的倫理限度及困境〉，《中外醫學哲學》。香港：香港浸會大學應用倫理學研究中心。第 XI 卷第 2 期，45–50 頁。

羅秉祥教授所引述的《醫管局對維持末期病人生命治療的指引》，筆者當年有參與制定並可以澄清，文件使用「病人/家人」和「病人和家人」的字眼，出發點雖然有鼓勵家人參與討論重大醫療決定的用意，但並未至於以「共同決定」作為規範性的倫理守則，尊重病人個人意願仍是首要原則，在倫理上和法律上都必須如此。

現有的倫理守則是否過度強調了病人的個人自主權？有沒有提升家庭參與的需要？看《日內瓦宣言》的 2017 年修訂，趨勢似乎是更鮮明地尊重病人自主。

合理的家庭參與

在香港，除非病人明確反對，醫生在實踐上是會盡量容許家庭參與（Family participation）。在醫療決策過程，合理的家庭參與是可取的。但是問題是，怎樣才算合理？怎樣調和「家庭參與」和「尊重病人自主」這一條重要的原則？病人的最佳利益（Best interests）有時與家庭成員的偏好和利益並不一致。醫療專業人士是不是也有責任保護病人，免受家庭成員的不恰當的壓力？

這些問題不是只在有中國儒家思想傳統的社會才需要辯論。倫理學者 Anita Ho 認同，倘若病人在醫療

決定上完全讓家庭成員發聲，專業人員必須仔細評估病人有沒有受到不適當的壓力，例如家庭成員總是鮮明地堅決拒絕考慮病人的福祉，不斷試圖推翻病人表達意願。專業人員必須評估潛在的疏忽照顧和虐待的跡象。但是她也指出，有些病人面對醫療決定時並不以狹義的個人自主權為優先，而是在家庭的倫理關係中理解自己的身分。在排除了虐待和疏忽照顧的前提底下，她認為讓家人參與和顧及家庭利益也可以視為尊重病人自主的一部分。[4]

　　邱仁宗在中國內地的倫理環境下寫作，他提醒專業人士，在關乎病人福祉的決定，應小心避免簡單地使用文化習俗為理由，傾斜向家庭成員的意見。他承認，儘管個體和自主性的意識在中國內地已經日漸增強，但個體仍然不像西方那樣獨立。在臨床情境下，病人經常在做醫療決定的時候詢問他們的親屬，而有些案例中，醫療資訊甚至被告知給家屬，而不是告知給病人本人。這被稱為「保護性醫療」（Protective medicine）的做法，出發點是強調防止醫務人員的言語或行動有可能對病人造成的傷害。然而邱亦提醒，在一個儒家信念特別強的家庭中，成員的地位可能是

4. Ho, Anita (2008). "Relational Autonomy or Undue Pressure? Family's Role in Medical Decision-Making". *Scandinavian Journal of Caring Sciences*, [online] Volume 22 (1), pp. 128–135. Available at: doi: 10.1111/j.1471-6712.2007.00561.x. [Accessed 14 Oct. 2017].

不平等的，專業人士應該考慮防止由於家庭權力不平衡而引起的傷害，因此在考慮文化習俗時必須適當權衡病人的權利和利益。[5]

倡導調整原則

如前述，在香港，醫療專業強調尊重病人自主性，不單是基於倫理原則，亦是見基於法律。香港沿用英國普通法制度，而英國的醫療法則側重保障個體的權利不受侵犯，因而對親屬的參與是採取基本上存疑或排斥的態度。有論者 Roy Gilbar 認為英國的醫療法在這方面需要進行改革。他從概念與實證兩方面論述改革的必要。

他檢視文獻並進行訪問研究，指出病人的醫療決定常有親屬或多或少地參與決策。家庭成員的影響有大有小。最小的影響可以是親屬主要提供情緒和功能支援，而不影響決定；在中度影響案例，親屬的看法被重視但不是壓倒性；重大影響則見於一些病人難以自己自行決定，非有近親參與不可。[6]

---

5. 邱仁宗，〈生命倫理學在中國的發展〉文稿，個人通訊。這篇文章的英文本 "Bioethics in China" 發表在 James Jennings 主編、2014 年第 4 版的 *Encyclopedia of Bioethics*。中譯（劉明煜譯，邱仁宗校）作了訂正並有所增刪，將發表於由丁偉志等主編的《中國哲學社會科學發展歷程回憶》一書中。

6. Gilbar, Roy (2011). "Family involvement, independence, and patient autonomy in practice". *Medical Law Review*, [online] Volume 19 (2), pp. 192–234. Available at: doi:10.1093/medlaw/fwr008 [Accessed 14 Oct. 2017].

總括來説，Gilbar 認為英國醫療法律需要調整，不應預設家庭成員會為自己的利益去損害病人的自主權，應該讓病者選擇是否讓家人參與。他指出，新近的英國醫學總會（General Medical Council）中醫生專業守則 22 節已顯示醫學界正在變化：「若病人他們希望其他人，例如親屬、伴侶、朋友、照顧者或代理人參與討論（病情）或説明願意讓他們作出決定，你（醫生）應當依病人意願而行。」[7]

　　台灣學者卻提醒，現代的家庭模式已非往昔般單純，家庭未必有婚約形式，家人不一定生活在一起，子女未必同父同母，夫妻可能各分兩地，最重要的是，家庭未必和諧，家庭功能也未必正常。因此，有些家庭很複雜，可能無法視為一個整體。作者認為有必要區分「健全的家庭」和「不正常的家庭」。在「不正常的家庭」中，彼此的關係或許連好友都不如，亦可能充滿了各種負面情緒以及經濟上的衝突，這些因素都可能投射在醫療決定中。如果家人之間也互相對立產生糾紛，病患將更形脆弱。[8]

　　綜合以上正反討論，問題焦點似乎並非儒家社會與西方文化的差異。事實上，中國內地和台灣的學者

---

7. 同上，p. 233。
8. 李錦虹、洪梅禎（2008）。〈家庭功能下的病患自主權〉，《應用倫理研究通訊》。桃園：國立中央大學哲學研究所應用倫理研究中心。第 45 期，27–33 頁。

作者都在提醒，要注意在那些功能失調家庭中，又或是家庭成員之間的權力關係並不平等的情況底下，家人會否損害病人的自主和利益。相反，英國的作者也呼籲，要反思法律上對尊重病者個人自主的理解會否流於狹隘和僵化，認為需要改革，增強家庭的參與。

三邊的關係

無論贊成抑或反對增強家庭的參與，我們需要面對的客觀事實是：「醫患關係」這雙邊的關係，在很多情況下其實是三邊的關係：「醫生與患者；患者與家人；醫生與患者的家人。」

本章的討論中心是專業倫理，醫生如何在尊重病者個人自主的前提下，合理地讓家庭參與。這還是在個別病人的層面。從宏觀的角度看，如果把「家庭」視為一種社會性的制度，而「醫療」視為一種專業制度，這兩者是互相關連的：它們有分工合作的一面，發揮功能時往往相互補充，但兩者也常常會處於緊張抗衡甚至矛盾衝突的狀況。

對於「家庭」與「專業醫療」這種內在的緊張關係，如果細心考量，可能對香港醫療保健的可持續發展也會有啟發。

從醫療社會史的角度，Nelson and Nelson 把專業醫療和家庭視為兩個在照顧病患關係上互相有爭持角力的兩個層面。在 20 世紀醫院體制發展成為醫學的科學基地，關顧病弱的色彩淡化，醫生往往並不信任病人的家庭，認為他們總是把病者推給醫院。這些醫生忽視了工業化與城市化迫使家庭依靠他人照顧親人，因為上班工作與家庭生活要完全切割，令一邊工作一邊看顧病者變得不可能。[9]

由於在現代城市化的社會，病者和家人不得不依賴醫療系統，醫療（和護理）專業人員和醫院便取代家庭，成為主導關顧病者的角色。醫療（和護理）人員會自稱「正式（或正規）的照顧者」（Formal caregivers），而家庭（和朋友）只是「非正式的照顧者」（Informal caregivers）。

在香港，專業醫療和病者家庭的先天緊張關係十分明顯。香港人的工作時間長，香港人均居住空間的狹小更是令人矚目。這意味着家庭的「非正式照顧」能力極受限制。另一方面，醫院系統亦同樣緊張，醫護人員人手短絀，急症病房入住率常常超過百分之一百。安排病人出院也成為醫生和家庭之間的一個摩擦點。

---

9. Nelson, HL. and Nelson, JL. (1995). *The Patient in the Family: An Ethics of Medicine and Families*. New York and London, Routledge, p. 13.

在這樣的情況下，尊重病人自主性抑或尊重家人意見可能不是一個理論性的倫理兩難題。如何恰當處理醫療、病人和家庭的三邊關係，不單關乎專業倫理，亦關乎醫療服務的可持續性。

Nelson and Nelson 的觀點是，傳統保守描繪的和諧團結家庭形象流於浪漫和理想主義；相反，一味否定家庭的參與流於冷酷無情。他們認為一刀切處理專業醫療與家庭的關係可能是無效的。個別家庭是特殊的，並不是一個具普遍本質性的實體。個別家庭有不同緊密程度的情感、經濟關係，忠誠度與投入程度亦各異。[10]

結語

從以上概述可以見到，我們不宜簡單地描繪香港為基本上是一個有中國儒家文化的華人社會，或者貶低尊重病人自主原則為西方的個人由主義的影響。以此立論刻意提升家庭在治療的決策過程的地位，與病者共決，應是站不住腳的。另一方面，我們亦不宜把病人看成一個孤立如原子的個體，不必總是以懷疑猜度的不信任的眼神來看待家庭提出的關注。對病者與

10. 同上，p. 35。

家庭成員的互動，應該細心評估，從而適當地以不同的方式處理。

在宏觀層面，現代的行為醫學和慢性病的研究顯示，社會支援包括家庭支援是能夠降低發病率和死亡率。這現象底下的機制亦已在研究範圍之內。[11]

近年在慢性病治理方案的設計中，漸見引入「動員家庭支援」（Mobilizing family support）的元素。[12]

在香港，教導病者家人和照顧者（例如外傭），提供簡易的訓練，甚至教導他們如何處理照顧者常有的情緒壓力，近年也一些醫院單位起步了。當醫生把自己的專業角色擴充，不限於狹義的個人層面的醫患關係，與病者家庭的張力也會紓緩，尋找合符倫理的治療方案會較為容易。

11. Uchino, BN. (2006). "Social support and health: A review of physiological processes potentially underlying links to disease outcomes". *Journal of Behavioral Medicine*, [online] Volume 29 (4), pp. 377–387. Available at: https://doi.org/10.1007/s10865-006-9056-5 [Accessed 14 Oct. 2017]

12. Rosland, AM. and Piette, JD. (2010). "Emerging models for mobilizing family support for chronic disease management: a structured review". *Chronic Illness*, [online] Volume 6 (1) , pp. 7–21. Available at: doi: 10.1177/1742395309352254 [Accessed 14 Oct. 2017]

第二章
老年與老化

江德坤醫生
老人科專科醫生

香港的人口正在老化，65 歲以上的人口從 1971
年佔總人口的 4.5%（18 萬）上升至 1991 年的 8.7%
（48 萬），再升至 2016 年的 15.6%（116 萬），這個數
字預期到 2031 年將增加到 24%（200 萬）。現代社會
對老年與老化常有負面的看法，把人口老化現象描述
為「問題」和「負擔」，而老年人則被概括地視為「殘
弱」和「固執」。本文試圖從一個較正面的觀點，去
探討老年及老化帶來的倫理議題及如何持續發展老年
服務。

西方醫學倫理的四大基本原則是「尊重自
主」（Respect for autonomy）、「不予傷害」（Non-
maleficence）、「行善裨益」（Beneficence）和「公平公
正」（Justice）。[1] 雖然有人認為這四項原則是不受宗教
和文化影響，但應用到現實生活時往往不能從相關的
社會抽離，因此應用醫學倫理時，亦應考慮其文化背
景以及經濟和政治的環境。再者，這些原則本身亦可
能互相牴觸。例如，患者基於自己的信仰而拒絕有效
的治療（自主與行善相牴觸）；一種特殊而有效的治
療可能會帶來顯著的副作用（行善與不傷害相牴觸）。

1. Beauchamp, TL. and Childress, JF. (2013). *Principles of Biomedical Ethics*. 7th ed.
   NewYork: Oxford University Press.

尊重自主

自主原則是尊重那些能夠自己作出決定的人的選擇和意願，以及保護那些缺乏這種能力的人。神經退化疾病和腦血管疾病，在老年人的病例中變得愈來愈普遍，隨之而引發出怎樣去評估自我作出決策的能力，和保障那些不能自己作決定的人的問題。

測試個人認知狀況雖有助評估個別人士的決策能力，但並不全面，因為除了認知障礙症（老年癡呆）或譫妄症之外，我們還應辨認抑鬱症，因為這也會影響決策能力。此外，儘管患者可能沒有能力處理法律或財務的問題，但他們仍可能有足夠的能力來決定自己的醫療服務，因為醫療決策的能力，會因各種不同複雜的臨床情況而有差異。我們應該避免因一個籠統的精神能力評估，而排除可能與認知障礙症患者，進行有意義的溝通。在現實中，為了尊重個人，有老年學家提出了一個因情況而滑動的決策能力。相對於法律倫理的 3C（Competency 能力、Consent 同意、Confidentiality 私隱）模式，Harry Moody 提倡以溝通、澄清和建立共識（Communication, Clarification, Consensus building）作為社會倫理的基礎，他認為這模式比較適用於解決照顧老年人的道德問題。[2]

---

2. Moody, HR. (1996). *Ethics in an Aging Society.* Baltimore and London: Johns Hopkins University Press.

照顧精神上無行為能力來替自己作決定的人，當涉及老人醫療健康和社會福利的範疇時，通常是以達到他們最佳利益來作決定的準則。但何謂最佳利益，這並不容易界定，處理不善亦可能導致忽略老人的需要與意願。最實際的方法是細心聆聽熟悉老人的家庭成員或照顧者，從而了解和考慮老人的意願。大多數人都覺得可以依靠親密的家庭成員甚或醫生為老人作出醫療決定。但是，一些證據顯示，當提出關於維持生命治療的假設性決定時，家庭成員和醫生未必能準確地預測患者的意願。[3]

「預設醫療指示」（Advance directive）機制，可以讓病人在清醒時預先表達有關維持生命治療的意願。但簽署「預設醫療指示」的病人在香港仍未普遍。雖然預先指示對某些人適用，它們卻不能保證臨終治療的護理質素或傳達病人對臨終照顧的意願。此外，「預設醫療指示」亦有其問題，因為要預測一個與當前不同的假設情況下病人的醫療和心理需要，其實是很困難的，而且一個人的價值觀和對醫療的取向亦會隨着自身的健康狀況而改變。[4]

---

3. Seckler, AB., Meier, DE., Mulvihill, M. and Paris, BE. (1991). "Substituted judgment: How accurate are proxy predictions?" *Annals of Internal Medicine*, 115(2), pp. 92–98; Torke, AM., Alexander, GC. and Lantos J. (2008). "Substituted judgment: The limitations of autonomy in surrogate decision making". *Journal of General Internal Medicine*, 23(9), pp. 1514–1517

4. Perkins, HS. (2007). "Controlling death: The false promise of advance directives". *Annals of Internal Medicine*, 147(1), pp. 51–57.

行善裨益

研究顯示，因為年齡的緣故，老年人曾被拒絕施與可能有用的醫療。這些從前曾被否決的治療，例如是腎臟替代療法，已被證明可令老年人在很多方面獲益。

行善這概念是指醫生有義務促進他的病人的福利。實踐這一道德原則通常需要考慮和權衡醫療風險和收益而作出決策；如果對患者整體有益，就給予介入治療。這在醫治老人是特別困難的，因老年病人往往有多種合併症，需要多種治療，關係複雜，容易互相影響，更難預測結果。再者，因這一年齡群組常被排除於醫學研究之外，關於老年病人的研究證據也相對缺乏。於是導致了這樣的假設：侵略性的治療對老年人可能沒有什麼好處，他們亦比年輕人更易受到併發症加害。老年病人因上述原因不能得到有益的醫療選擇，卻被誤說為治療可能對患者造成傷害的考量。老年人常被視為相同的群組，而忽視其多樣性及差異。治療的潛在益處和危害只能在臨床上根據個人情況進行判斷，不宜過早作出定斷。此外，與治療相關的傷害，也可通過加強老年醫學用藥的知識及臨床培訓來避免。

不予傷害

照顧老年人時使用約束物品通常是以安全為理由，例如降低跌倒的風險及預防跌倒傷害肢體。然而，由於支持使用身體或化學約束物品來減少傷害的證據有限，反而愈來愈多的證據顯示約束物品是有害的，[5] 因此使用約束物品是不合乎倫理的考慮。世界各地使用約束物品的流行率變化很大，美國比英國高，而香港又比西方國家及日本高；這反映各地對使用約束物品持有不同的態度，[6] 甚至有分析認為多使用約束物品的地域的醫護人員缺乏仁慈這種美德。[7]

約束身體對身心的傷害早有廣泛報導，包括血壓上升、心跳加速、煩躁行為惡化、不適、抑鬱、焦慮、驚慌、血液循環受阻、吸入性肺炎、便秘、失禁、壓瘡、神經損傷和感染。在醫院，約束身體與較

5. Tolson D. and Morley, JE. (2012) "Physical Restraints: Abusive and Harmful". *Journal of the American Medical Directors Association*, 13(4), pp. 311–313; Morley, JE.(2012). "Antipsychotics and dementia: A time for restraint?". *Journal of the American Medical Directors Association*, 13(9), pp. 761–763.

6. Tolson and Morley, 2012; Woo, J., Hui, E., Chan, F., Chi, I. and Sham, A. (2004) "Use of restraints in long-term residential care facilities in Hong Kong SAR, China: Predisposing factors and comparison with other countries". *The Journals of Gerontology: Series A*, 59(9), p. M921; Suen, LKP., Lai, CKY., Wong, TKS. et al. (2006). "Use of physical restraints in rehabilitation settings: Staff knowledge, attitudes and predictors". *Journal of Advanced Nursing*, 55(1), pp. 20–28.

7. Frengley, JD. (1996). "The use of physical restraints and the absence of kindness". *Journal of the American Geriatrics Society*, 44(9), pp. 1125–1127.

長的住院時間和窒息死亡有關，身體受到束縛的醫院病人更容易摔倒。[8] 在安老院，消除身體束縛可以減少跌倒導致的損傷。香港一個老年康復部門成功引入減少身體約束物品計劃，導致住院時間縮短五天，而跌倒的發生率卻無顯著分別。[9]

　　基於以上討論，照顧老人時應盡量避免使用約束物品，要充分考慮約束可能引致的不良後果，並須盡量嘗試採用約束以外的其他辦法：如除去可能令個人不安的情況、關注個人需求和身體不適、提供能讓老人步行的安全環境、老人情緒不穩時應了解他激動的因由，以及提供以人為本的照顧和消閒的活動。

　　自主原則是一般人理解為道德框架裏，在四個原則中佔據首要地位。因此，有人反駁，「如果我們尊重這個自主道德原則，若是一個人決定死亡，他人也應該尊重他的意見。」一個人若身心痛苦和沒有醫療可以緩解這種痛苦，結束生命可以被視為是行善。但是，法律制度、社會、以至大多數宗教，都普遍認為取去另一個人的生命是不道德的。

---

8. Tolson and Morley, 2012.

9. Kwok, T., Bai, X., Chui, MY. et al. (2012). "Effect of physical restraint reduction on older patients' hospital length of stay". *Journal of the American Medical Directors Association*, 13(7), pp. 645–650.

「安樂死」這議題尤其與老年有關。老年人在他們自然死亡的前幾年可能生活於慢性疾病中，在這段時間，他們可能構成家庭或社會的經濟和精神負擔。活在現今社會的老年人可能感受到壓力而自願進行「安樂死」以避免成為負擔。這構成了「滑坡論證」的依據，「安樂死」用於解除難以忍受的痛苦，擴張到一些自願「安樂死」，避免成為社會、家庭和朋友的負擔。有證據顯示這種演變在一些法律上容許「安樂死」的國家曾經發生。[10]

　　從資源分配的角度，有人認為當老年人達到「自然」生命的末端，就沒有需要進一步去維護他們的生命。持有這個觀點的人主張「被動安樂死」，但這「公平分配論證」（Fair innings argument）可被引伸到「公平」地分配資源而導致的一個政策：在臨到某個年齡或健康狀況時實行「積極安樂死」。

公平公正

　　隨着人口老化，老人撫養比率（依賴他人照顧與可工作年歲的人口的比值）增加。因為疾病與傷殘

---

10. Morley, JE. (2002). "Conundrums: The ethics of old age". *Cyberounds Conferences: Geriatrics*. Available at: http://www.cyberounds.com/cmecontent/art90.html. [Accessed 27 Feb 2018].

是隨年齡而增長的，老化的人口，尤其是非常年老的一群，對老人醫療和社會福利的服務需求含有特別意義。關於如何及應該花費多少金錢來養老、老人醫療健康和社會福利，都是現今社會具有爭議的倫理議題。[11] 正因社會資源有限，有些優先的選擇條件和考慮是必要的。

實際上，人口老齡化可能導致一些社會成本下降，比如老年人是「非正規的照顧者」（Informal carer），留在家中照顧孩童，亦經常照顧朋友和家人。人口老齡化也表示比例較少的孩童人口，因此用於教育開支也相應減少，或可抵消用於老人的醫療和社會服務的開支。此外，老年人亦是主要的消費者，不能被視為經濟上不活躍的群組。無可否認，老年人確實比年輕人使用更多醫療服務。2006 年，香港 65 歲以上的人口雖佔總人口的 12.4%，卻佔用公立醫院 49% 的床位。45 歲以下的成人平均每年使用公立醫院病床少於一日，而 65 歲以上的老年人口則跟隨年齡急升：65 至 69 歲是兩日，75 至 79 歲是四至五日，85 歲以上是十日。[12]

---

11. 關銳煊（2000）。《「論盡」老人的福利》。香港：天地圖書。36–39，67–83 頁。

12. Kong, TK. (2017). "Development and Practice of Geriatric Medicine". In: TK Kong, ed., *The Hong Kong Geriatrics Society Curriculum in Geriatric Medicine*, 2nd ed. Hong Kong: Hong Kong Academy of Medicine Press, pp. 4–6.

醫療界愈來愈重視成本效益，而分析成本一直是以「質量調整後的生命年」（Quality-adjusted life years, QALYs）來計算。計算方法是先評估病人的生命質素，1 代表完全健康，0 代表死亡，傷殘病弱則是按照情況介乎 1 與 0 之間，然後將數值乘以預期壽命（Life expectancy）。舉例說：甲乙兩人的預期壽命同樣是十年，甲是一個完全健康的人，他的 QALYs 是 10（1*10）；乙的生命質素較差（假設是 0.5），其 QALYS 就是 5（0.5*10）。但是，這個評估系統對老年人是不利的，因為根據定義，老年人將來還可以活着的年日較年輕人少。雖然有研究顯示多項及協調的治理可以帶給老年人效益，[13] 但評估有其難度。如上文所述，醫學研究經常排除老年人這個年齡組別，因而缺乏有力的證據去證明治療的效益。至於應該選擇哪一種療法，醫生可能是以治療結果為依據，但是有人認為使用 QALYs 來分配資源予不同病人組別（特別是老年人組別）是不合乎道德的，尤其是在某個患者組別的研究證據相對缺乏的時候。反過來說，如果將更多的資源用於一些創新但沒有任何證據顯示其效益的老人護理模式，也不一定能保證老人能得到優質的護理。

13. Tinetti, ME. (1994). "A multifactorial intervention to reduce the risk of falling among elderly people living in the community". *The New England Journal of Medicine*, 331(13), pp. 821–827; Inoueye, SK., Bogardus, ST Jr., Charpentier, PA., Leo-Summers L., Acampora, D. et al. (1999). "A multicomponent intervention to prevent delirium in hospitalized older patients". *The New England Journal of Medicine*, 340(9), pp. 669–676.

如何作出分配資源的決定取決於我們怎樣看老年人的社會的價值。假如我們認為一個人一旦失去生產力，他的生命就變得沒有價值，進而主張不應浪費資源於老人醫療服務上，這是十分可悲的。如果我們肯定老年人的生活質素有其價值，那麼就有理由繼續分配資源給老年人。老人科教授 John Morley 基於三個論點，撰文肯定老年人的內在價值：長壽有保護人類物種的意義、老年人的遠景和智慧對年輕人有穩定的影響以及老化是人生旅程的心靈成長。[14] 這對老人的尊敬與中國人的傳統看法「家有一老，如有一寶」不謀而合。

上文談到「公平分配論證」（Fair innings argument）。持有這觀點的人認為：每人都應該得到平等機會去活到合理的年歲，但當達到這個門檻，他就已經獲取了應有的權利。[15] 這種看法可用作支持將資源從老年人撥給年輕人的理據。然而，這個論證有以下漏洞：因長壽而導致人口老化現象的主要原因，並不是因為應付高齡而付出高昂的醫療開支，而是投放資源去減低兒童疾病的死亡率使他們成長更步入老年。持有這種資源分配觀點的人，常把「自然」生命的末端定義為現代人的預期壽命，（即是 80 歲），但

---

14. Morley, JE. (2002).

15. Rivlin, MM. (2000). "Why the fair innings argument is not persuasive". *BMC Medical Ethics* 1(1), pp. 1–6.

卻將出生時的預期壽命與年齡較大時的預期壽命互相
混淆。在香港，活到 80 歲的男性預期平均可以多活
9 年，而同齡的女性則可預期多活 12 年。若我們認
為提供治療予較多預期壽命的人是公平的，那麼優先
治療壽命較長的女性及上流社會又是否公平呢？老年
人一生貢獻社會，但是當活到晚年患病、需要依賴社
會時，卻被一個持「公平分配論證」的社會系統拒絕
支持，這又是否人道呢？[16]

退休與第三段年紀

　　年輕人與老年人兩代的張力亦環繞於退休和公
共養老金。在工業革命之前的時代，農村的人們年日
工作，不會因年屆某一個年齡就突然離開。他們會因
應能力而調整體力活動，直到身體變得太虛弱才停止
工作，然後由家人或慈善機構支持他們。停止工作
的年齡各不相同，通常是與「生物老化」（Biological
aging）相符。

　　退休是一個工業革命後的近代社會產物，而現
今則被視為是生命歷程的一部分。在大多數國家，除
了自僱人士，當人們工作到某一固定年齡，就強制地
離開受薪的職業。社會的退休年齡，通常是基於財政

16.　同上。

和工業考慮而隨意界定的，並非代表衰老的開始。20
世紀 60 年代，人們開始意識到許多退休人士只是以
年齡計算為年長（Chronologically old），而非生物本
質上衰老（Biologically old）。英美調查 60 多歲的退
休人士，發現超過八成身心健康，行動自如，腦袋靈
活，是適合工作的。[17] 人口老化帶來的一個社會挑戰是
退休人士與適齡及就業人員的比率上升，而拖累社會
經濟，如何解決養老金從而成為社會的爭論。一種解
決方案是提高退休年齡，或重新僱用退休人士，但這
又取決於社會如何珍惜長者多年累積的經驗和智慧，
及願意投資多少去再培訓和教育長者。另一方面，即
使提高了退休年齡，社會亦要兼顧一些因健康狀況欠
佳而未能工作的長者。健康狀況良好的退休長者，也
不一定為收入而工作；這些長者義工，肯無償地熱心
服務社群，其高貴情操值得我們尊敬。[18]

其實年輕人與老年人不必被視為互相爭奪資源的
兩代人。「壽」字象形是一對年輕的手，把農作物的
收成，回饋到老年人，那是因年輕人的耕種知識和技
能，是老年人傳授給他們的。上一代的老年人經歷戰
亂，兼養育眾多兒女，大多退休後積蓄有限。況且現
代孩子面臨更長的時間過渡到經濟獨立的成年期，父

17. Clark, F. Le Gros. (1966) *Work, Age and Leisure: Causes and Consequences of the Shortened Working Life*. London: Michael Joseph.
18. 關銳煊（2000），30–35 頁

母需要提供更多資源和時間支持他們的孩子，可想而知，退休時財務狀況會比預期少。子女回饋及支持退休後的父母，是體現中國社會孝的傳統。[19]

　　因為「退休」一詞帶有負面的涵義，有人提議改用「第三段年紀」（Third Age）來形容離職後的生活。第一段是童年和準備工作的時期；第二段是就業和養家的時期；第四段則是殘弱和需要依賴他人的最後階段。[20] 上文談到退休人士大多健康、充滿活力及可獨立生活。為鼓勵長者活出豐盛人生，倡導長者持續學習，香港勞工及福利局和安老事務委員會在 2007年初開創了一個以學校作平台的「長者學苑」計劃。在 2017-18 學年，全港各區大專院校及中、小學共設立約 130 間長者學苑。透過長者學苑這個平台，長者可以學習新科技和新知識，與時並進；而年青學生亦可藉此機會與更多長者交流，分享長者豐富的人生經驗，達致「跨代共融」。[21]

---

19. 陳功（2009）。《社會變遷中的養老和孝觀念研究》。北京：中國社會出版社。52–63 頁。

20. Mulley, GP. (1995). "Preparing for the late years". *The Lancet*, 345 (8962), pp. 1409–1413.

21. 香港勞工及福利局（2018）勞工及福利局局長歡迎辭。長者學苑。取自網頁：http://www.elderacademy.org.hk/tc/welcome/secretary.html。2018 年 2 月 28 日讀取。

老年服務及其可持續發展

老年醫療健康和社會福利服務的目標是：通過持續參與社會和預防疾病，來保持老年身心健康；及早發現疾病和給予適當治療；當疾病不能治癒而有殘疾時，則盡量保持其他身體及心理功能的健康；並在老人生命的晚期以同情心提供照顧和支持。

老人科起源於 20 世紀 30 年代末倫敦的療養院，那時老年病人被認為無藥可救，其他人對他們漠不關心，就在這時，老人科崛起。始創者 Marjory Warren 充滿熱忱、樂觀和希望，引入評估和康復理念，成功使這些被標籤為無法治癒的老年人重返社區生活。[22] 發展至今，老人科的知識與日俱增。在老年人當中，疾病通常是以非典型的方式表現出來，有幾種疾病共同存在，疾病與藥物會產生相互作用（參見下頁案例），社會和心理問題可能較為明顯，功能性障礙容易出現，並且可能比年輕人需要更多時間來康復。老人科的精粹是評估和治療老年人這些特別的醫療和康復需求，並肯定不會忽略他們的需要。透過尋找問題，確定問題的原因，處理可治療的疾病，糾正缺陷以及補償無法糾正的問題。

---

22. Kong, TK. (2000). "Dr. Marjory Warren The Mother of Geriatrics". *Journal of the Hong Kong Geriatrics Society*, 10(2), pp. 102–105.

從流感到譫妄與跌倒的案例

77歲的陳先生冬季某日因迷亂而被妻子帶到急症室求診，診斷為可能尿道發炎引致發燒及譫妄，急症醫生給他尿道消炎藥，並因當時流感盛行，亦給了他抗流感藥特敏福，觀察15小時後回家，安排老人科支援，並跟進流感測試及尿液種菌結果。

四日後，陳太依約帶陳生到老人科快速診所見老人科醫生，陳生說他吃了抗流感藥後咳嗽好轉，並退了燒。化驗結果顯示他有乙型流感，尿無病菌。陳太訴說陳先生離開急症室當晚，在家的睡房跌倒，但她兩小時後才發現，再過多兩小時才被搬回床，而當時已經是凌晨二時。事件發生的經過是：原來當晚陳太由醫院回到家已經很疲倦，所以飯後就熟睡了。她初時聽不到隔房的陳先生在床邊跌倒後的呼救聲，而聽見的時候已是他跌倒之後兩小時。她試圖幫陳生由地下扶上床時，雙雙一起跌倒，幾經掙扎，並拆去一些床邊的家俱，才成功把陳先生搬上床。

雖然他有糖尿病、痛風症、膝關退化和前列腺癌等病，但因為陳先生原本是個消防員，平時熱愛運動，55歲退休後仍常結伴行山，注重健康，他每年亦有接受流感預防注射。當分析他跌倒的原因時，不單是由於染上流感，使他乏力，亦因染上流感而胃口大減，比平時少吃了許多。但他如常服用一般的糖尿藥劑量，引至血糖偏低，致身體及腦部功能減低，容易跌倒及迷亂。血糖低對老人的傷害比血糖高為大，而這是可通過對老人小心用藥來避免的。

這案例顯示一個常見急性疾病（流感）與原有慢性疾病藥物（糖尿藥）相互作用而產生非典型方式的表現（譫妄與跌倒），把一個相對健康長者變為弱老，但若果及時找出原因，對症下藥及減藥，是可以還原的。

在老人科常會遇到的一個問題是「什麼年齡才是老人科的病人？」因同一年齡的人的老化速度有差異，以年齡去界定的老年群組會是多樣性的，相對健康到弱老都有。如以較低年齡來界定（如 65 歲）老人，即表示服務對象當中包括所有弱老，但亦包括許多不是弱老。另一種方法是與需求相關的醫療和社會服務，例如跌倒、失禁、行動不便、認知障礙症、譫妄症、中風復康、安老院的老人。第三種策略是將這兩種方法結合起來：提供年齡相關服務，其界定年齡相當高（例如 80 歲），並在 65 歲和界定年齡之間提供與需求相關的服務，例如是 70 歲並需要中風復康治療的病人。

對比其他亞洲地方，香港相對較早就認識到人口老化的醫學問題是非常複雜和獨特，需要發展專科。香港老人科服務在 1975 年創始於瑪嘉烈醫院，早期受訓包括接受海外（特別是英國）經驗。隨着香港醫學專科學院成立於 1993 年，規範了老人科受訓內容。雖然近十年老人科專科醫生增長有放緩的趨勢，但其增長速度與 75 歲以上的老年人口的增長速度相當（見圖 2.1）。為提高基層醫療醫生對社區老年人的醫療服務水平，香港大學與香港老人科醫學會合辦了社區老年醫學深造文憑，首批畢業於 2001 年，可惜到 2016 年停辦。此外，香港各大學及專業學會亦有為醫生、護士、物理治療師、職業治療師和社工提供老人科及老年學相關的課程。

圖 2.1　香港老人科專科醫生與社區老年醫學深造文憑
持有醫生跟老年人口增長的比較

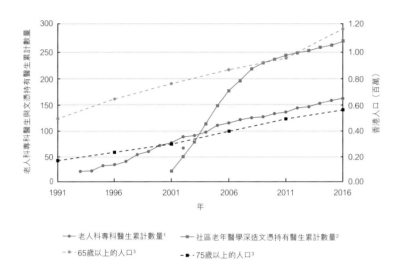

- → 老人科專科醫生累計數量[1]
- → 社區老年醫學深造文憑持有醫生累計數量[2]
- ·●· 65歲以上的人口[3]
- ·■· 75歲以上的人口[3]

資料來源：

1.　The Medical Council of Hong Kong. Specialist Registration—Geriatric Medicine. December 2016

2.　Department of Family Medicine and Primary Care, The University of Hong Kong. 2017

3.　Census and Statistics Department, Hong Kong SAR. (1997). *1996 Population By-census;* Census and Statistics Department, Hong Kong SAR. (2017). *2016 Population By-census.*

總而言之，雖然香港老人專科已經發展了一段時間，亦有相關的專業培訓，但正如本文開首所言，香港人口正在老化，而老年服務實在需要持續發展，才可提供最佳服務給老年人口。我們如要改善本地老人醫療服務，還須解決各種較為具體的議題，例如改變社會各界及醫護人員的態度（即仁愛，Human presence）的態度去關懷和同情（Compassion）老人），[23] 提供足夠的醫護人手，提供床位來配合老人在不同時候對急性、康復和長期護理服務不同的需求，為醫護人員提供適切的老年醫學培訓，改善現時的醫療協作（即老人科醫生與醫院內其他專科醫生協調聯絡並在社區內跟家庭醫生緊密合作）與醫社整合（即老年醫療與社工以綜合方式來提供服務）等等。[24] 當我們思考如何改善老年醫療服務時，除了涉及政策與資源分配的議題之外，也要正視上文論及種種老年及老化帶來的倫理問題。

---

23. Hodges, B. (2017). Educating Health Professionals for the 21st Century: What Will We Need Humans For? 9th Asian Medical Education Association Symposium cum Frontiers in Medical and Health Sciences Education 2017: "Preparing Healthcare Learners for a Changing World". Cheung Kung Hai Conference Centre, Pokfulam, Hong Kong, 15 Dec 2017.

24. Kong, TK. (2017). pp. 12–13；Kong, TK. (2015). "Long-term care in Hong Kong: Medico-social collaboration?"《社聯政策報》10 月第 19 期，10–13 頁。

第三章
醫療資源分配與融資改革

冼藝泉
中文大學醫學院兒科名譽副教授
醫院管理局總行政經理（病人安全及風險管理）

提到香港醫療制度的可持續發展，融資是一個近年必定談及的重大議題。要維持現時的醫療服務，我們固然需要討論「錢從何來」，而當中涉及的倫理問題，例如制度是否公平、應該如何分配資源、應該照顧弱勢社群、各個不同的持分者應該負擔多少才算公平等等，也值得關注。本文會先概述香港醫療系統及融資的現況，再介紹歷屆政府提出各個醫療融資改革方案，最後會分享筆者對於醫療融資的意見，並指出其中需要處理的倫理問題。

現行醫療制度面對的挑戰
香港現時的醫療融資情況

在 2013/14 年度，總醫療開支約為 1,238 億元，佔本地生產總值的 5.7%，其中公共醫療開支及私人醫療開支分別佔約 49% 及 51%。[1] 公共醫療開支全數由政府財政預算中撥出，其中大約 13.2% 撥予公立醫院系統，而公立醫院系統則提供市場超過九成以上的

---

1. 香港特別行政區食物及衞生局（2014）。〈香港本地醫療衞生總開支帳目醫療衞生開支估算：1989/90–2013/14 年度〉。香港：香港特別行政區食物及衞生局。1–26 頁。取自：https://www.fhb.gov.hk/statistics/download/dha/cn/dha_summary_report_1314.pdf。2018 年 4 月 10 日讀取。

住院服務（以病床使用日數計算）。[2] 政府大幅資助公共醫療服務，所提供的服務極為全面，而資助率為整體成本的大約91%。[3] 實際資助水平因應不同服務而有異，當中以住院服務的資助率最高，大約為94%。[4] 約13.5%的公共醫療開支用於基層醫療。[5] 這方面的撥款主要用於預防性公共衛生服務，包括疾病預防及健康教育，以及以低收入家庭和弱勢社群（包括長期病患者和貧困長者）為服務對象的普通科門診服務。

私營醫療服務主要由用者自付費用。非住院護理服務佔私人醫療開支的34%，並由用者（75%）、僱主提供的醫療福利（13%），以及個人自願醫療保險（10.3%）支付費用。[6] 其餘屬於獲政府資助的院舍照顧或日間長期醫療和護理服務。大約70%的非住院護理服務（以基層診療或專科門診服務的診症數目計算）均由私營界別提供。由私家醫院提供的住院服務不足10%。[7] 這些服務並無獲得資助（某些院舍／日間

---

2. 香港特別行政區衛生署（2017）。〈香港健康數字一覽〉。香港：香港特別行政區衛生署。取自：http://www.dh.gov.hk/tc_chi/statistics/statistics_hs/files/Health_Statistics_pamphlet_TC.pdf。2018 年 4 月 10 日讀取。另見香港特別行政區醫院管理局（2015）〈醫院管理局 2014-2015 年報〉。取自：http://www.ha.org.hk/ho/corpcomm/AR201415/PDF/HA_AnnualReport2014-15_FINAL.pdf。2018 年 4 月 10 日讀取。

3. 同註 2。香港特別行政區醫院管理局，2015。

4. 同註 1。

5. 同上。

6. 同上。

7. 同註 2。

長期醫療/護理服務除外），病人使用私營服務須承擔全部費用。私營住院服務中，由用者自付費用佔了相對較大的比例，約佔49%，由僱主提供的醫療福利和個人自願醫療保險支付的費用則分別為24%及20%。[8]

　　大部分市民均有能力支付私營醫療界別提供的基層醫療服務，但主要用於治療護理而非預防性護理。除自願性的私人儲蓄及保險外，目前並無實施其他強制性或特定的融資安排，以應付日後的醫療需求。

公共資金來源

　　香港公共醫療服務主要由政府通過一般稅收資助。與其他已發展經濟體系相比，香港是一個低稅制的地方，既無銷售稅，而薪俸稅的最高累進稅率亦僅為17%（17/18年度）。[9]薪俸稅更以15%的標準稅率為限（11/12年度及其後）。[10]我們的稅基亦非常狹窄，在整體人口中只有23%須繳交薪俸稅。[11]超過半數人

---

8. 同註1。
9. 香港特別行政區稅務局（2017）。〈薪俸稅簡介（一）〉。香港：香港特別行政區稅務局。取自：https://www.ird.gov.hk/chi/pdf/pam39c.pdf2017。2018年4月10日讀取。
10. 同上。
11. 香港特別行政區稅務局（2012）。〈2011/12課稅年度薪俸稅〉。香港：香港特別行政區稅務局。取自：https://www.ird.gov.hk/chs/pdf/press_annex2_13100901.pdf。2018年4月10日讀取。

口沒有就業，因此即使他們有其他收入來源，亦無須繳交薪俸稅。即使在工作人口當中，也有大部分人無須繳交薪俸稅，因為子女免稅額及供養父母免稅額等各項免稅額令免繳稅入息額的門檻提高。在 360 萬工作人口中，只有 45% 須繳交薪俸稅。[12]

香港現行融資模式——政府撥款

在現行融資模式下，病人按需要並通過分流及輪候而獲得服務。撥款受政府財政狀況的波動影響，長遠並不能持續。市民和企業在納稅時已間接預繳醫藥費，他日使用公營醫療時只需付出極低的費用。透過健康人士資助健康欠佳者，此融資模式有效分擔風險。但服務方面選擇則比較少，並且不能促進市場的競爭或效率。但通過財政預算，政府能有效地控制成本，有效提供同等的醫療服務，因行政簡單，行政費用亦相對較低。收入愈高者需繳愈多稅款，間接資助低收入者的醫療費用。另一方面，此模式在工作人口不斷縮減的情況下，政府有需要加稅和擴大財政預算，此舉將增加下一代的負擔，長遠而言融資並不能持久。此模式亦助長過度依賴以公帑大幅資助的公營醫療服務，令市民欠缺誘因善用公營醫療服務。公私

---

12. 同上。

營醫療失衡的問題更會進一步惡化，導致公私營界別之間欠缺充分競爭，無助提高公營醫療界別的效率及成本效益，醫療服務的選擇亦不多。

在政府撥款模式中，主要的供款人士為納稅人。所有市民經輪候和分流後均可公平地獲得資助醫療服務；有能力負擔但不能久等的人士則可使用不受政府資助的私營醫療服務。低收入者和弱勢社群繼續由納稅人資助的公營醫療系統照顧。長遠而言，無法持續提供融資會令所有市民受影響，特別是需要倚賴公營醫療系統照顧的高風險組別人士，如長期病患者和長者等。

私人資金來源

私營醫療服務的經費主要（約 70%）來自用者自付費用。只有約 28% 的私人資金來自私人醫療保險，當中 14% 是僱主提供的醫療福利計劃，14% 是個人自願醫療保險。[13]

<hr>

13. 同註 1。

香港為甚麼需要改革醫療融資？

　　由政府撥款的融資模式，公營醫療以低廉的收費，為全港市民提供醫療服務，成為全港市民的安全網。現時的醫療融資安排已直接或間接導致香港的醫療系統出現以下情況：獲大幅資助的公立醫院服務把病人引入公立醫院系統，面對的最大挑戰是愈來愈長的病人等候時間（可及性）和可持續性。人口增長導致醫療服務使用者增加，人口老化亦導致醫療服務需求上升。市民對醫療服務的期望愈來愈高，而醫療服務硬件逐漸老化，以及高新醫療科技愈來愈昂貴等各項挑戰。私家醫院服務收費有欠明確，在某程度上令市民卻步，亦無助促進善用公立醫院服務。

政府醫療融資的目標

　　政府醫療融資的目標，是能為所有市民提供公平的醫療保障，足以應付市民絕大部分的健康問題。無論政治、社會、經濟環境如何變化，醫療服務亦需保持穩定如常。醫療服務素質要良好，緊貼世界醫療發展趨勢，引入先進科技，確保服務持續發展，應付不斷轉變的需求。

港府在政府撥款的基礎上試圖引入其他輔助融資的方案：

社會醫療保障

整體而言較為穩定，能否獲取醫療服務視乎保險計劃的設計而定（例如是否全民受保）。但當工作人口縮減時便不能持久；使用量增加時或須徵收較高的供款以持續提供融資。透過健康人士資助健康欠佳者，此融資模式有效分擔風險，但同時高收入者須支付較高的費用和資助低收入者。服務選擇方面，因其牽涉向不同的提供者購買服務，有助帶來市場競爭。另一方面，因供款者需求增加，或未能有效控制成本。

本模式與政府撥款最大的分別是，除了納稅人（資助公營醫療系統的開支），供款人士還包括為僱主（如須供款）及在職人士（收入愈高則繳稅愈多）。所有市民可通過醫療社保獲得醫療資助，而有能力支付較高分擔費用的人士可從中得到補貼，選擇私營服務，從而紓緩公營機構的壓力。此方案亦體現了財富再分配的精神，因為收入愈高者，須繳付的費用也愈高，以高收入者的供款來資助低收入者和弱勢社群。當整體醫療服務使用率上升時，供款人士亦須增加供款。方案保證市民可獲取同等的醫療服務，視乎保險計劃的設計，亦可同時提供公私營的醫療服務以供選擇。跟政府撥款模式相似，在工作人口不斷縮減的情

況下，將增加下一代的負擔，供款比率亦會因人口老化而不斷增加，此舉形同設立新稅種，同時亦助長過度依賴以公帑大幅資助的公營醫療服務的風氣，欠缺誘因鼓勵市民善用公營醫療服務。

用者自付費用

「用者自付」是中國於 1990 年代採用的模式。使用較多服務者支付較高的費用，健康欠佳者需支付較高費用，所以此方案不能分擔風險，同時不會帶來財富再分配的效果，即不論收入高低，用者皆需支付相同費用。服務選擇方面則有若干選擇，但不能促進市場的競爭或效率。在使用率方面能達到非常有效的控制，但可能導致較需要醫療服務者獲得較少的服務。

在本模式中，主要的供款人士為需要使用醫療服務的病人和納稅人（資助公營醫療系統的開支）。身體較健康的市民自然無須多付費用，而有能力支付較高費用的人士可選擇使用不受資助的私營服務。需經常使用醫療服務的高風險組別人士（如長期病患者和長者等）須繳付更大筆的費用。低收入者和弱勢社群則繼續由納稅人資助的公營醫療系統照顧，只能得到最少選擇及最低程度的護理。長遠而言，無法持續提供融資會令所有市民受到影響，特別是需要依賴公營醫療系統照顧的高風險組別人士。但方案有效鼓勵市民善用醫療服務，以及加強個人承擔健康責任的意識。

醫療儲蓄戶口

為新加坡現行模式，此融資方案提供龐大及持久的潛在融資來源。使用者會直接從自己的醫療儲蓄戶口提取金錢，所以使用較多服務者會動用較多儲蓄，並且不會牽涉風險的分擔和財富再分配。服務選擇方面則有若干選擇，亦對促進競爭和效率起到作用。如費用由病人承擔，費用在某程度上可予以有效控制。

在本模式中，主要的供款人士為須按規定參加醫療儲蓄戶口計劃的指定組別人士、僱主和納稅人。參加儲蓄計劃者會有資金照顧日後的醫療需要，特別是在他們退休後不再有收入的時候。一般認為患病須支付高昂醫療費用的人士不會有足夠存款應付其醫療需要，因而須再依賴安全網。而身體較健康人士的醫療需要較低，因而會在其遺產中留下數額可觀的存款。低收入者和弱勢社群則繼續由納稅人資助的公營醫療系統照顧。醫療儲蓄存款不能為公營醫療系統提供資金，因此不會令需要倚賴公營醫療系統的人士，特別是高風險組別人士，低收入者和弱勢社群受惠。

方案宗旨是儲為己用，讓個人建立積蓄以為應付日後的醫療需要。有效加強個人承擔健康責任的意識，鼓勵善用醫療服務，並減少下一代的負擔。可是，方案不設風險共擔成分，輔助融資來源亦無保證。措施本身不能促進市場改革，特別是無助解決公私營醫療失衡的問題。

自願醫療保險

投購人數既難預料而且融資來源亦不穩定，所以並不大可能成為龐大及持久的輔助融資來源。健康欠佳者或較高風險組別人士需支付較高費用，此方案同時不會帶來財富再分配的效果。服務選擇方面則有較多選擇，對促進市場競爭和效率起若干作用。

在本模式中，主要的供款人士為自願購買保險者（高風險人士保費較高），僱主（如有向僱員提供醫療保險）和納稅人。投保人可享有較佳的醫療保障，並可使用私營醫療服務。高風險組別人士未必獲得承保或須繳付高昂保費，低收入者和弱勢社群則繼續由納稅人資助的公營醫療系統照顧。部分投保人士將轉往私營醫療界別求醫，或會減輕公營醫療系統的壓力，令需要倚賴公營醫療系統的人士，特別是高風險組別人士，低收入者和弱勢社群受惠。

方案讓個人可選擇共擔風險，並提供更多服務選擇。但對高風險組別人士來說費用則較高昂。「逆向選擇」，即投保者多是較可能的索償者，會導致高昂保費。承保範圍及細則對市民來說未必清楚，例如承保範圍不包括參加者在投保前已有的病症，有機會不獲續保，尤以年老時。以上種種，如不加以規管，消費者所得保障則有限。對醫療服務的使用率及成本監管不足，或會助長不善用醫療服務的風氣。保費隨着個人年齡和患病情況增加，行政費和其他保險有關

費用亦會蠶食本金，未能減輕公營醫療系統的壓力之餘，輔助融資數額足不足夠應付所需亦難以料及，未必能協助個人儲蓄以應付日後的醫療需要。

強制醫療保險

　　強制醫療保險是德國醫療融資的主要模式，整體而言相當穩定，但使用量增加時須徵收較高的供款以持續提供融資。透過健康人士資助健康欠佳者，此融資模式有效分擔風險，並且不論患病風險高低，高收入者及低收入者皆支付相同的費用。服務選擇方面則有較多選擇。如投保人士眾多，可促進競爭及效率，從而有助支援市場改革。

　　在本模式中，主要的供款人士為須按規定參與強制保險的指定組別人士（視乎保險計劃的設計而定，所有人繳交相同數額的保費）、其他自願參與保險的人士、僱主和納稅人。投保人可享有較佳的醫療保障，與其他投保人分擔財政風險，並可使用私營醫療服務，而沒有投保者的選擇則並無增加或減少。高風險組別人士將可通過繳付按群體保費率收取的保費及規管承保人的條款（包括不得不承保參加者在投保前已有的病症及須連續承保），享有醫療保障。低收入者和弱勢社群則繼續由納稅人資助的公營醫療系統照顧。部分投保人士將轉往私營醫療界別求醫或要求由保險支付公營醫療服務費用，將減輕公營醫療系統的

壓力，令需要倚賴公營醫療系統的人士，特別是高風險組別人士，低收入者和弱勢社群受惠。

方案保證風險共擔，避免作出風險甄別或逆向選擇，接受投保和續保亦得到保證。此方案可減輕公營醫療系統的壓力，並帶來穩定的融資。另一方面，方案或會助長不善用醫療服務的風氣，亦未能協助個人儲蓄以應付日後的醫療需要。

個人康保儲備

儲蓄可提供持久的融資來源，醫療系統亦可通過保險而獲得持久穩定的儲蓄款額。透過健康人士資助健康欠佳者，此融資模式有效分擔風險，並且不論患病風險高低，高收入者及低收入者皆支付相同的費用，服務選擇方面則有較多選擇。模式兼具上述醫療儲蓄戶口及強制私人醫療保險的好處。儲蓄及保險並行亦得到體現，融資相對穩定和持久。

在本模式中，參加者會有資金照顧日後的醫療需要，特別是在他們退休後，亦會享有醫療保障，也可與其他投保人分擔財政風險以享有醫療保障，並可使用私營醫療服務，而沒有投保者的選擇則並無增加或減少。高風險組別人士將可通過繳付按群體保費率收取的保費及受規管的條款，享有醫療保障。低收入者和弱勢社群則繼續由納稅人資助的公營醫療系統

照顧。參加者可透過轉往私營醫療界別求醫，要求由保險支付公營醫療服務費用，減輕公營醫療系統的壓力，令需要倚賴公營醫療系統的人士，特別是高風險組別人士、低收入者和弱勢社群受惠。

香港的出路

於 2011 年 7 月，港府完成自願醫療保險計劃的第二期公眾諮詢，逾六成受訪者支持推行自願醫保計劃。根據政府統計，平均而言市民自 20 歲開始投保，每天保費約 4 元，30 歲則 5.5 元，40 歲則 8 元，50 歲則 11 元，60 歲則 15 元。為免市民擔心年老後無能力供款，投保人年滿 65 歲後，政府便會開始協助供款。市民可參考不同公司的保障條款，隨時轉保。高風險人士亦受保障，可以投保。但自願醫保計劃亦面對不少的阻力，有人提出醫療保險最大的風險是不獲賠償，香港政府需要針對醫療保險的規條作出指引甚至規管。老人家投保每月需要千多元，會超出他們的承受力。而現行醫療制度問題多多，例如醫療硬件落後、醫生工時長、醫護人手不足、病人輪候時間過長等，亦非單憑醫療保險可以解決。

據說自願醫保的細節即將出台，可以估計一旦推出了自願醫保，政府必定要在價格和服務上作出一定

的約束。為了增加私家醫生收費的透明度，估計政府和私家醫生會共同制定在病人診症時明碼實價的「價目表」，但不難想像，部分私家執業的醫生會認為定價太低，消費者卻會嫌保障的範圍和價格不吸引。真正要考慮的是：自願醫保所製造的誘因，是否足以改變私家醫院，去提供價錢為中產可以負擔，又具有服務質素保證的醫療服務？事實上，現時的私家醫院並不愁生意，那些出名的醫生也不愁高端客源，是否有興趣參加自願醫保計劃實在令人存疑。

歷屆政府試圖在增加醫療融資的道路上，試圖平衡各階層的市民的利益，提出六項選擇給廣大市民作討論。然而，既得利益者及持分者均不輕易作出犧牲及讓步；再者，每一個不同的輔助融資計劃建議，各有利弊，難言完美。自 2007 年起的醫療融資計劃資詢，深深牽動着各階層市民的神經，令醫療融資改革舉步維艱。

在現行醫療系統資金緊絀的情況下，醫生在治療病人時，會面臨有違所授的專業培訓及道德標準的矛盾。例如患有某些罕有遺傳酵素缺乏病的病人，接受酵素補充治療雖然對病情有幫助，但每個病人的藥物費用，每年動輒需要過百萬港元，如果政府選擇資助這一少批病人，對其他沒患有罕有病的廣大病人來說，在社會整體治療效果得益方面，是否存在公

平的考慮呢？醫生根據專業判斷，永遠以病人利益為最優先的考慮，但在資源不足的現實下，怎樣取捨和平衡，又會否忽視或犧牲了一些重要的道德倫理價值呢？當我們思考怎樣令香港醫療系統可以持續發展時，上述各種道德問題也應一併考慮。

第四章
生物醫學科技的研發與應用

衞家聰

香港大學李嘉誠醫學院急症醫學部臨床助理教授

一個可持續發展的醫療系統，需要保證服務質素之餘，亦要與時並進改善服務，使社會上更多人得以受益。要達到這個目標，醫學科技的研發與應用可謂功不可沒。因此，談起現代醫學，很多人會聯想到醫學科技。誠然，現代醫學的實踐已經和醫療科技密不可分。自聽診器在 1816 年發明開始，無數個科學家發明了各式各樣的工具，協助醫生診斷病者的情況；到了 20 世紀，醫學發展更一日千里，科技已經在臨床診斷、治療及復康中發揮不可或缺的角色。經過多年經驗的累積，醫學科技的使用也是雙面刃，須平衡患者的需要、科技的成效和風險。醫學科技的研究，也有其利弊。本章先會介紹生物醫學科技研究的倫理，探討今天醫療界如何保障參與醫療研究的自願者；後半部分會集中探討醫學科技如何應用於醫療服務，了解醫療機構和專業人士引入生物醫學新科技的時候，應該如何思考、如何自處。

醫療研究倫理

　　人類的發展通常都是從錯誤中學習，醫學研究亦無例外。雖然醫學界自古流傳的醫者誓言，叮嚀為醫者務必廉潔自持、待人以誠和病患為先，可是歷史上人類曾經出現過的因醫學研究而侵犯人權的個案，時

刻提醒現代醫療科技研究員要警覺，主動保護研究參與者的權益。現代醫療研究的規範始於國際社會要防止重蹈二次大戰期間違反人道醫學研究的覆轍。戰後紐倫堡審判揭發戰時納粹德國一連串不人道的醫學研究，國際社會予以譴責，並促使戰爭法庭於 1947 年公佈「紐倫堡公約」，成為第一份完整的醫療研究成文規範。差不多同一時期，美國醫學協會也出版了《醫學倫理原理人類實驗守則》。隨後，國際上仍然時有爆發醫學研究的醜聞，即使是知名的醫學權威，也會犯上有違倫理的研究行為，傷害參與研究的病患。[1] 因此各國對醫療研究的審查和管理漸趨嚴格，香港亦無例外，現時所有醫學研究需經過有關機構的研究倫理委員會審核，獲得批准，方可進行。

雖然國際上仍未有劃一的醫學研究倫理及道德基準論述，可是套用本書前文提及 Beauchamp 與 Childress 兩位大師所建立的四大原則論述框架 [2] —— 尊重自主、行善裨益、不予傷害、公平公正，亦無不可。這些大原則本義是用於醫患之間的臨床關係，但是亦可以套用在醫學研究。

1. Shuster, E (1997). "Fifty Years Later: The Significance of the Nuremberg Code". *The New England Journal of Medicine*, 337(20), pp. 1436–1440.

2. Beauchamp, TL. and Childress, JF (2001), *Principles of Biomedical Ethics*. 5th ed. Oxford: Oxford University Press.

醫學研究倫理的中心概念是研究的參與者有充
分機會發揮其自由意志，自願同意或拒絕參與研究項
目，所以醫學研究人員必須獲得所有準研究參與者的
「自願知情同意書」。倘若研究題材涉及弱勢社群，
病者難以表達自主，容易被傷害，更需要在制度上作
出進一步的保護。精神狀態欠佳者、在囚人士、兒童
和窮困人士等等都屬於這一類別。研究參與者也有私
隱受保護的權利。研究人員與參與者溝通，獲取知情
同意時，務必確保參與者明白在研究哪個階段的哪個
情況下，哪些個人資料可能會被披露。

　　至於行善裨益與不予傷害兩大原則方面，醫學
研究至少不應該對參與者造成直接傷害。考慮到臨床
研究的個別特定風險，研究使用的介入程序應與一
般介入治療的風險相若。由於現實生活裏不少醫學
環境都會有一些難以避免的風險與副作用，所以研究
人員與研究參與者（尤其是病者）要權衡利弊。社
會也日益意識到雖然由醫學研究中獲得新知識固然重
要，但是研究本身也可以對人造成傷害，所以研究的
課題應該對社會有相當程度的醫學效益，研究才在倫
理上合理，在社會上有價值。美國全國生物及行為研
究人體受試者保護委員會（The National Commission
for the Protection of Human Subjects of Biomedical and
Behavioral Research）於 1979 年 6 月出版《貝爾蒙特

報告書》(*Belmont Report*)，[3] 針對進行生物醫學和行為科學研究之人體實驗者提出保護原則。該報告指出：「（良好的醫學研究）防止既有廣為接受的行醫方法在細看之下發現的危險。」

醫學研究裏有關公平公正的考量，則是較近近期的概念。套用醫療過程的公義，在醫學研究的世界，公平公正代表研究的好處與責任應是公平合理地分配。換句話說，研究對象不應圍於順從安排的族群，而需要包括整個有機會收益於這個研究的人士。同樣地，對於研究的成果，不同的社會族群也應雨露均霑。

每一位研究員都有責任確保研究過程中每一個環節是否合規，並由合適的監管機構適時作出指示。本港醫務委員會也有於其出版的醫務守則提供相關指引。負責研究的院校和機構通常都備有聲明和指引，以確保研究會於負責任的態度之下進行。

由於香港並沒有醫學研究的專屬法例，也沒有專門管理醫學研究相關的指引或政策文件，各學院及

---

3. Department of Health, Education and Welfare (DHEW), "National Commission for the Protection of Human Subjects of Biomedical and Behavioral Research (1978)". *The Belmont Report*. Washington, DC: United States Government Printing Office.

醫療機構轄下的研究倫理委員會就需要在規管及管理醫學研究方面發揮不可或缺的角色。現時香港各大專院校與及醫院管理局各醫院聯網都有獨立的研究倫理委員會。[4] 一般而言這些委員會的主要角色是審閱醫學研究提案，並決定批准或否決。某些研究倫理委員會會審視指定類型的人類研究，例如社會學和心理學研究，或是某類型的臨床研究。有關涉及動物的醫學研究，通常會送交動物研究的研究倫理委員會，本節不多贅述。

所有研究倫理委員會均有既定文件臚列成員組成要求，職能範圍和標準操作程序。研究倫理委員會的主要功能是（一）透過確立對每位研究參與者的尊嚴、權利、安全和福祉的尊重，從而保障研究參與者的權益；（二）認同醫學研究對改善社會現時與未來人類的健康非常重要，從而便利研究工作，以及促進合理又有根據的研究；以及（三）促進公眾對醫學研究人員在操守與廉潔方面的信心，以及對醫學研究對社會的正面意義。實際操作上，研究倫理委員會會

---

4. Chinese University of Hong Kong (2015). *Policy on Research, Intellectual Property and Knowledge Transfer*. Hong Kong: Chinese University of Hong Kong. [online] Available at: http://www.orkts.cuhk.edu.hk/images/Research_Funding/The_Policy_Paper_1a.pdf [Accessed 10 Apr. 2018] See also University of Hong Kong (2013). Policy on Research integrity. [online] Available at: http://www.rss.hku.hk/integrity/rcr/policy [Accessed 10 Apr. 2018]

對每一個研究項目進行正式的倫理審查，確保所有項目均達認可道德標準，所有研究都是安全及有研究價值，病者要承受的風險、責任和傷害是可一般人接受程度，以及可預期對社會有益。

隨着愈來愈多醫學研究使用人體組織了解人體生物機理，發展新治療程序。人體組織可以是單個細胞或細胞系，甚至是一個器官。使用死者身體組織、胚胎或胎兒組織作研究用途需要更仔細的道德倫理考慮。雖然現時已經有法例規管有關研究，然而社會大眾會期望醫學研究團隊會尊重人體組織，在細心考慮清楚後使用，杜絕濫用的情況。香港普遍接受在合理的研究裏使用人體組織。通常研究團隊會妥善處理研究院的人體組織，而保持對人體器官及細胞的尊重。

任何醫學研究中，使用人體組織均須獲得醫學研究委員會預先許可。原則上，只有在獲得病者有效知情同意的情況下，研究團隊才可以移除、儲存及使用該組織作研究用途。倘若病者精神狀態無力給予同意，監護人也可以代為同意。使用人體組織研究應該要對捐贈者利大於弊，而且研究成果應該無論在科學上、醫學上、甚至社會整體亦應是有重要意義。研究人員不得洩露有關人士的私隱，有關的個人資料及臨床治療均應保持機密。捐贈病者有權知悉涉及他們權益的研究結果。他們亦有權知識有關研究成果會否有

任何經濟及金錢利益。不過,這並不代表捐贈者可以獲分有關盈利。研究人員也需要妥善儲存及處理相關的研究記錄。

研究失德對社會和醫療界會造成巨大的破壞。雖則有關機構和研究倫理委員會會為研究者操守提出指引和監管,可是研究者仍然要為其行為負責。廣義的研究失德不但包括前文提及的環節,也包括研究者的學術操守,例如抄襲、無理的重複刊登、阻止出版、代筆及刪改或偽冒研究數據等等。香港的研究失德個案不多。[5] 使用國際研究資料庫和獲得國際評等機構為本地研究倫理委員會認證都是對發展及維持香港研究倫理操守有很大的幫助。香港學術界也可以建立一套屬於香港整體的研究操守守則,配合本地立法,都會對研究的管治有莫大幫助。

發現研究失德會是一件嚴重問題,除了會導致暫停或終止研究計劃外,研究者的聲譽也會受損,甚至影響將來籌集研究經費,以及未來個人的升遷。錯誤的研究的結果也會影響整個學術界,影響其他研究人員和研究參與者甚至社會的關係,所以整個學術界對於研究失德採取「零容忍」的態度。

---

5. Jordan, SR. and Gray, PW. (2013). "Research Integrity in Greater China: Surveying Regulations, Perceptions and Knowledge of Research Integrity from a Hong Kong Perspective", *Developing World Bioethics*, 13(3), pp. 125–137.

醫療科技的應用

　　醫療科技涵蓋各式各樣有助人們維持健康的創新技術——可以是生物工程技術，也可以是藥物發現、健康訊息學、或者醫療器材的發展。這些發現都對改善人類健康有很大的幫助。可是醫療科技是一把雙面刃，既可以改善人類健康，也可以對健康，甚至生命造成損害。所以，在引入一門新科技之前，首先要做好效益和風險評估，讓醫護人員和病者都有更大的保障。

　　醫療科技與其他科技一樣會經歷技術採用生命周期。這個生命周期的概念源於 1962 年羅傑斯出版《創新的擴散》（*Diffusion of Innovations*）一書中創新擴散曲線，將採用者分成五種類型。[6]

圖 4.1　擴散曲線的五種轉變

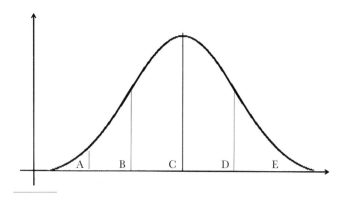

6.　Rogers, EM (2003). *Diffusion of Innovations*. 5th ed. New York: Free Press.

A 區代表「創新者」（2.5%）。他們是一群對技術具有高度興趣的少數族群，他們喜愛研究及嘗試使用新產品，為新技術產品的把關者。因為只有在初期取得他們的認同，之後研發者才能向其他潛在使用者證明新產品是可行的。

B 區代表的是一班有先見之明的「早期採用者」（13.5%），也是新技術產品市場發展的主要推動者。他們不是技術性人員，但他們會去替這項新技術思考實際可用範圍。一旦早期採用者找到這項新技術可以跟他們的關注事項連上，他們就會採用。

C 區（34%）是「早期大眾」。他們是一群非常重要的消費群，深明新科技發展要經歷千錘百煉，關心產品實用性和使用，對於採用比較謹慎。他們會先確定產品技術成熟才會購買。

D 區（34%）代表的是「晚期大眾」，和早期大眾的關注相若，但缺乏對產品效用的判斷，要會等到規格和輔助系統建置完備才會採用。

E 區代表（16%）的是「落後者」。他們不喜歡新科技，往往是到了別無選擇的情況在使用那些坊間早已使用的科技。

醫療科技評估（Health Technology Assessment，簡稱 HTA）

醫療科技評估透過系統性地評估某醫療科技的特質、效果或其他衝擊，其主要目的是為持分者（包括：病者、醫療人員和醫院行政）提供充分的整合性資訊，以便於對不同醫療科技做出有科學依據且客觀的使用選擇。

HTA 是一個跨專業領域的政策研究。它運用了醫療、組織、社會、倫理及經濟方面的最佳科學證據，提供給政策決定者參考，以便對醫療科技的研發、引入和使用，做出實證為本的決策。HTA 考慮醫療科技的效果、使用適當性以及成本。[7]

醫療系統與 HTA

HTA 作為一個政策導向的措施，需要醫療系統內前線臨床服務與大後方的醫療管理人員緊密合作。國際上已經有整合醫療系統的主張，讓實證醫療決策成為醫療系統內服務提供與政策規劃兩方面的中心思想。HTA 的倫理考量主要有幾方面：

---

7. Velasco-Garrido, M. and Busse, R. (2005). "Health Technology Assessment: An Introduction to Objectives, Role of Evidence, and Structure in Europe" Copenhagen: World Health Organization Regional Office for Europe, on behalf of the European Observatory on Health Systems and Policies.

（一）引入新的醫療科技或有道德影響，是故一般成本與效益，不敷其使用的需要，倫理學方面的評估可以處理這方面的需要；

（二）新科技或許衝擊現有社會價值及道德標準，需要 HTA 去着墨；

（三）整個 HTA 其實承載了一套價值觀 —— 與醫療界「維護民康」的價值一脈相承，並且強調實證為本。[8]

過去醫療技術的發展（如輸血和避孕）曾經引起宗教及道德文化上的爭論，因此，今天當我們要引入新科技，要充分了解新科技對社會上某些族群會否有所衝擊。及早辨別這些族群的觀點，並考慮為這些族群使用他們可接受的替代方案。而且在評估引入新科技的過程中，把這些族群的意見放入宏觀環境一併考慮。

那上文提及的倫理原則在分析醫療科技的應用上合用嗎？醫療科技或許和這些原則有所衝突。使用醫療科技也許會妨礙病人行使自主權。比如用基因資料去控制腦退化症，病人難以明白到當中複雜的機理，

---

8. Have, H Ten (2004). "Ethical Perspectives on Health Technology Assessment". *International Journal of Technology Assessment in Health Care*, 20 (1), pp. 71–6

怎樣獲得知情同意會有難度。或者換肝病者須戒酒才可獲得肝臟，那涉及要病者改變本身生活方式。至於行善裨益與不予傷害方面，公眾會對新科技所造成的利弊和風險關注，畢竟新科技會有一定程度的未知風險，可是另一方面要求所有新科技在廣泛使用前證明毫無風險也是沒有可能，醫療決策者只能夠根據現有資料去平衡風險。使用新科技也要考慮公平公正，畢竟新科技涉及不單機械本身，也有人手空間及財政資源配套。決策者要考慮使用新科技會否對其他現有的病人造成影響。

隨着現代醫療愈來愈依賴科技，科技的發展也一日千里。因新科技而湧現的倫理挑戰預期會愈來愈多。幾十年前人工受孕技術和後來出現的基因複製技術曾經在社會引起廣泛討論，學術界也對當中的生命倫理作出深入的分析。現時這些技術已經成為現代醫學的一部分，倫理方面的爭議也漸漸取得共識。面對新科技的出現，還是要緊記醫療的本意是為了病人福祉，合適運用倫理的原則，爭議也會達致大家接受的結果。

第五章
知情同意

張文英

香港理工大學哲學博士、
香港理工大學兼任副研究員、註冊護士

知情同意（Informed consent）是醫學倫理學一個很重要的概念，指病人與醫護人員之間的溝通過程，藉此取得病人授權或同意進行特定治療或其他醫療程序，而非單指病人簽署同意書。[1] 它源於第二次世界大戰後的紐倫堡審判（Nuremberg Trial）及後來的卡爾·布蘭特案（*United States of America v. Karl Brandt, et al.*），揭露了納粹人體實驗是在未經受試者同意的情況下完成，是不道德的行為。其中，裁決的結果之一，是確立了關於醫生對人體實驗的十項準則，成為二戰後醫學倫理的新標準，也建構了「自願知情同意」的概念。同時，科學研究也因「自願知情同意」而訂立種種規範，例如實驗必須合乎社會利益或以增加病理學知識為目的，研究也應該盡量避免令受試者遭受身心痛楚（Physical and mental suffering）。[2]

臨床醫療的知情同意

知情同意的倫理是以自決原則為基礎，患者應該有權選擇怎樣對待自己的身體及運用自己的時間和金

1. The Nursing Council of Hong Kong (2017). *Guide to Good Clinical Practice*. Available at: http://www.nchk.org.hk/filemanager/en/pdf/Guides_to_Good_Nursing_Practice_Sep_2017_for_Website.pdf [Accessed 10 Apr. 2018]

2. Marom, JP. (2012). "Informed Consent". In: K. Key, ed., *The Gale Encyclopedia of Mental Health*. Detroit: Gale, pp. 808–810.

錢。問題在於醫患之間存在很大差異，所以病人必須「知情」（Informed）。[3] 每當病人要進行治療，例如手術或入侵性的檢查，醫生會向病人解釋其程序、成效及相關的風險，並要求病人簽署一份同意書（Consent form），藉以顯示病人同意接受該項治療或檢查，目的是要確保病人知道該手術或檢查的成效或利益（Benefit）和風險（Risk）。此過程是為知情同意，簽署的文件則為知情同意書。知情同意的法律和道德依據是來自病人的自主性（Autonomy），病人有權利做出關於自己的健康和身體的醫療決定，而這個知情同意的過程必須是病人自願（Voluntary）參與。如果醫生在未有病人的知情同意前為病人進行手術或其他入侵性醫療程序，便是「非法侵犯」（Battery），實屬違法。知情同意的過程分為兩部分：以做手術為例，第一，醫生會先解釋手術程序、手術為病人帶來的利益（Benefit）（例如切除腫瘤後，身體會康復）及風險（Risk）（例如全身麻醉的風險）。病人可在知情同意過程中詢問關於手術的問題，醫生亦有責任解答。第二，當病人清楚理解所有關於手術的資料後，便會簽署同意書，以表示同意接受該項手術。在正常的情況下，病人在知情同意的整個過程中是清醒和有行為能力（Capacitated）的，而嬰兒及小童需由父母或監

---

3. Chambers, DW. (2016). "Informed Consent". *Journal of the California Dental Association*. 44 (9), p. 537.

護人作出決定及簽署知情同意書，醫護人員亦會向小童解釋手術的資料，令他們有心理準備，不會過度驚慌。

要留意的是，上面描述的是在一般情況下知情同意的程序，至於以下兩個特殊情況則屬例外：

- 病人情況緊急但又未能獲得其知情同意，如果不進行治療或醫療程序會令他承擔很嚴重的風險或者不可逆轉的傷害。

- 病人沒有行為能力，又得不到病人的家屬或監護人的知情同意書；情形危急時，即使未有知情同意也會為病人做手術或治療。

知情同意有以下元素：

1. 病人必須有行為能力作出決定；

2. 醫生必須提供關於手術、治療或其他檢查的預期效果或利益及風險等資料；

3. 病人必須清楚明白有關資料；

4. 病人必須是自願簽署同意書，而當中並沒有任何強迫（Coercion）或脅迫（Duress）

決定能力（Decision-making capacity）或權限（Competence）是知情同意很重要的元素，須具

備此能力才能作出手術或其他醫療程序的決定。在香港的醫療體系中，一般的非入侵性檢查，例如驗血及X光，只要得到病人口頭上的知情同意（Oral consent），不必簽署同意書。但一些入侵性的治療或檢查，例如手術，因為存在相當的風險，所以必須口頭上同意及簽署同意書（Written consent）。在知情同意的過程中，醫生必須向病人闡述疾病情況、為何要進行手術、手術的目的、程序及對病人疾病的成效，同時亦要解釋手術的風險及有可能發生的不良反應或後果，並且提供及解釋其他治療方法。當病人明白醫生的解釋後，便會在自願的情況下簽署同意書。倘若一個具有決定能力的病人不同意進行手術、治療或其他醫療程序，縱使其決定並不恰當，但他依然有權利拒絕接受手術、檢查或其他醫療程序。在這情況下，醫護人員有權要求病人簽署「不遵從醫生勸告」（Against Medical Advice）或者「不遵從醫生勸告自行出院證明書」（Discharge Against Medical Advice）。

臨床研究的知情同意

　　與醫療的知情同意一樣，臨床研究的知情同意的道德基礎也是病人的自主（Autonomy），而後者更加需要詳細表述以下資料：

1. 研究的目的

2. 研究員所要達至的目的

3. 研究的時間和程序

4. 參與研究的利益

5. 參與研究的風險

6. 如果不參與研究可以得到的其他治療

7. 參與者有權隨時退出研究，而不會得到與標準醫
   療程序有異的待遇或懲罰。

　　當研究員解釋以上的重要資料後，被選者可以
透過參與者資料書（Participant Information Sheet or
Patient Information Sheet）了解關於該項研究的詳情，
經過仔細閱讀和理解之後，病人可以自願簽署同意
書，以示同意參與研究。臨床研究（如研究藥物的效
力或劑量）普遍都需要兩組或三組病人參與，第一組
參與者服用研究藥物的 A 劑量（例如五毫克），第二
組參與者服用研究藥物的 B 劑量（例如十毫克），第
三組參與者則服用「安慰劑」（Placebo），一種沒有
藥效的的藥物。研究員根據三組參與者的臨床數據，
定出藥物的成效及最合適的劑量。由於參與者可能獲
安排到不同的組別，因此在知情同意的過程中，研究
員必須向病人或參與者解釋他們可能給編到不同劑量

的組別或安慰劑組別，以及這種安排的原因、目的和後果，並提醒參與者或病人需要注意的事項（例如服用研究藥物後如遇不適，應立刻通知研究員或其他相關的醫護人員）。

余錦波曾討論知情同意含有綜合價值觀和內部衝突，知情同意不是一個連貫一致的價值（One single coherent value），而是一個複合價值（A composite value）。知情同意由三部分組成：「自願」（Voluntariness）、「資訊」（Information）和「理解」（Comprehension）。真正的知情同意必須符合以下三個條件。首先，參與者必須同意參與，而且不是被迫或受到不適當的影響。其次，參與者必須得到有關活動的性質、可預見的風險、利益及替代方案等資訊。最後，參與者必須了解提供給他的資訊。但這三個構成知情同意的部分之間，其實是互相角力和競爭的。譬如，「資訊」要求給予參與者的資料盡可能完整和準確，而「理解」卻要求資料是易於明白的。由於這些不同要求的考量，可能導致不同取態和做法。要完全滿足這三個條件是非常困難的。[4]

4. Yu, KP. (2015). "The Confucian alternative to the individual-oriented model of informed consent: family and beyond". In: R. Fan ed., *Family-Oriented Informed Consent East Asian and American Perspectives*. Cham: Springer, pp. 93–106.

臨床研究對醫療發展很重要，但其實，病人的健康更為重要。在這前提下，知情同意雖然是一個很重要的倫理項目，但在實踐上卻存在有多方面的困難。第一，臨床研究的知情同意涉及一些複雜的問題。由於研究涉及成果，醫生具有雙重身分：作為研究人員，他希望能夠達至研究目標並取得成果；作為醫生，病人的生命及健康是他的首要考慮。這是一個兩難的局面，也是臨床研究的倫理廣泛討論的議題。第二，在患者或參與者資料書會提及參與研究的風險，而研究人員必須向參與者解釋那些預期及不預期的風險。一般來說，臨床藥物研究的參與者資料書有六至八頁紙，甚至更多，所以參與者需要相當的時間才能看完有關資料，研究員也要花上不少時間解釋，因此存在可能的疑慮：病人會否只因信任醫護而簽下同意書。

其實，知情同意是一個很繁複的程序，要做到完美無缺需要較長的時間，也須具備溝通技巧如語言運用。不過，綜觀現今的醫療系統，我們每天從新聞裏都能聽到病床的使用率超過百分之一百，一些醫院更達 122%。同時，醫生及其他醫護人員的流失率很高，也反映了他們的工作非常繁重。在這種情況下能否做到以上提及的知情同意程序？筆者建議進行這方面的研究。

上文提及有關知情同意的內容，屬於醫療及倫理的理論準則及指示，但我們都知道在某些情況下理論和實踐總會有一些差異。當然我們可以要求醫護人員或研究人員必須做到上述知情同意的程序，將每一項逐一解釋並確定參與者完全明白或理解才簽下同意書，但這個過程需要多少時間呢？筆者認為這也值得研究，例如醫生或研究員需要多少時間解釋、病人需要多少時間理解及提出問題和醫生要用多少時間回答有關問題；同時，也要調查病人是否理解知情同意的內容才簽下同意書。可惜香港這方面的研究不多，例如陳浩文及范瑞平都有研究「家庭」在知情同意的角色，不過他們討論的重點是哲學的觀點及東西方的文化差異，例如傳統中國文化以家庭為中心、西方文化着重個人主義（Individualism），對於自主性（Autonomy），東西方也有截然不同的理解。當代西方生物醫學習慣將知情同意視為以個人為主，而非以家庭為單位，例如會假定病人為自主個體且為自己選擇和作決定，除非他們明確要求家人代為決定。[5] 知情同意所強調的個人自主，與香港較為傾向集體主義、強調長幼有序與受到傳統儒家文化的習慣並不一致。[6]

5. Fan, R. (2015). "Informed consent: why family-oriented?". In: R. Fan ed., *Family-Oriented Informed Consent East Asian and American Perspectives*. Cham: Springer, pp. 3–23.

6. Katyal, KR. (2011). "Gate-keeping and the ambiguities in the nature of 'informed consent' in Confucian societies". *International Journal of Research & Method in Education*, 34 (2), pp. 147–159.

以下這個例子反映知情同意在理論與實踐兩方面所遇到的困難。

根據 2018 年 3 月報章報導，一名曾服務警界超過 30 年，事發時 62 歲的退休壯男因持續久咳求醫，發現左心室縱膈長出囊腫。2017 年 10 月，他在一家公立醫院接受非緊急手術，切除縱膈囊腫（Pericardial cyst），但手術後他因為流血不止及心臟衰竭，留醫四十多天後便離世。家人質疑院方低估手術風險，更指院方的評估有所偏差。死者的姊姊批評院方於手術後一個月才確認囊腫是異常增生的血塊：「一時說水囊，一時說血塊，手術後竟說『未見過啲咁嘅嘢，單嘢好難搞』。」死者另一家人亦質疑：「既然當時無法確認囊腫情況，為何一定要繼續手術？是否低估危險？」[7]

院方表示，手術前曾向病人及家屬解釋手術的風險，包括出血不止、敗血症、肺炎、中風、急性心肌梗塞等併發症，死亡率為百分之五至十。病人手術前，除了久咳外，並無其他病徵，後來因為電腦掃描發現黑影，他才給診斷為左心室縱膈長出囊腫。他聽從醫生意見，因為及早切除，風險較低，「有九成幾

---

7. 《東方日報》(2018)。〈切除心臟腫塊 流血不止 柔道冠軍枉死伊院〉。《東方日報》。網頁取自：http://orientaldaily.on.cc/cnt/news/20180325/00174_001.html。2018 年 4 月 10 日讀取。

安全」。院方認為手術成功切除腫塊，但病人出現出血不止的併發症，雖然縱膈出現囊腫並非罕見，但較少有接近心臟的個案。香港社區組織協會香港病人權益協會幹事則批評：「明明手術後結果差，一般人根本無法理解（院方為何）將死亡和手術成功扯上關係。」[8]

這個例子可以反映以下幾點：

第一，理論上，醫生要在知情同意過程中解釋手術的風險與可能引致的併發症，但實際上是否能做到每項都詳細説明並評估風險？醫生是否能夠根據自己的經驗預知和了解每一項風險或併發症？要向病人及其家屬清楚解釋每一項風險或併發症，且病人又能清楚明白每一項，並與醫生的理解吻合，這應該比較困難。

第二，風險評估（Risk assessment）涉及一個很重要的概念：風險（Risk）是由暴露（Exposure）和機率（Probability）組成。風險（Risk）＝危險（Hazard）× 暴露（Exposure）× 機率（Probability）。[9]風險溝通（Risk communication）旨

---

8. 同上。

9. Morrow, BH. (2009) *Risk behavior and risk communication: Synthesis and expert interviews. Final Report for the NOAA Coastal Services Center.* [online] NOAA Office of Coastal Management. Available at: https://coast.noaa.gov/data/digitalcoast/pdf/risk-behavior.pdf [Accessed 10 Apr. 2018]

在用可理解的方式收集有關事件危害的資訊，進行暴露程度概率評估，幫助人們了解風險水平並作出決定（Decision making）。但是，要獲取完全準確的資訊是很困難的，也會令人猶豫，因為作決定時總會存在不確定性，正如 Morrow（2009）指出，風險的不確定性可能是唯一的確定性（Uncertainty in risk is probably the only certainty to expect）。[10]

第三，如何評估手術的風險及併發症也涉及語言運用的問題，例如上文引述的新聞中，病人或其家屬及院方和醫生都用了不同的語言方式去表達風險機率，例如：

一，「有九成幾安全」：這個說法並無提及不安全的百分比。如果用另一個角度，改說「有一成不安全」或「低於一成不安全」，病人的感覺或看法（Perception）會否有所改變而作出不同的決定？

二，「手術風險包括死亡率為百分之五至十」：死亡率為百分之五至十，表達了不肯定的意思。

從以上例子可見知情同意是一個複雜的過程，醫護人員需要用相當的時間向病人解釋，也要了解醫療過程或研究及其預期和不預期的風險或併發症，亦需

---

10. 同上。

要使用病人能夠理解的語言去解釋，確保病人是在清楚明白後才作出決定，簽下知情同意書。

香港醫療專業如要持續發展，做到一個與理論相符的知情同意，首先需要一定的資源和時間。不過，目前香港公營醫療的狀況有待改善；如果沒有改善，知情同意將面對更多問題，更會出現第二種情況如病人及其家屬會有更多對醫護人員的質疑或投訴，繼而影響醫患關係；另一方面，醫護人員面對這些沉重的壓力，再加上得不到病人、家屬，甚至同事的體諒，因此可能離職，這樣進一步加重整個醫療體系的負擔。有關當局除了增加醫護人員及各方面的資源外，關於知情同意的概念在職培訓時也不容忽視，同時也可以設計不同的軟件和硬件，令知情同意過程得以有效執行，例如在非緊急的知情同意書簽署前，病人及家屬可以透過面談、講座、影片、小冊子去了解醫療程序、檢查或臨床研究的過程、風險或併發症。病人及家屬既要知道他們的權利，也要知道他們的義務，例如要向醫護人員交代病歷、有何不適或疑慮。這樣就可以讓他們有充裕的時間和充分的了解後，才作決定並簽署同意書。當然，上述建議確實需要更多資源，因此更需要業界和政府溝通及商議，醫療專業才可得以持續發展。

第六章
臨終治療抉擇

謝俊仁
香港紓緩醫學學會榮譽顧問

現代醫療科技發達，很多疾病都可以治癒或受到控制。但是，每個人的生命也有盡頭，不少疾病卻仍可能發展到藥石無靈的階段。不過，當病情到了末期，病人面對死亡時，現代醫療科技還可以提供維持生命治療，延長生命，包括人工呼吸，心肺復甦術等等。

這些現代醫療科技，本意是救治病人。例如，急性肺炎病人呼吸衰竭，瀕臨死亡，人工呼吸機能夠維持病人生命；當肺炎受抗生素控制，肺功能恢復時，病人便可以除去呼吸機，康復出院。

但是，對於末期病人，由於疾病本身不能逆轉，維持生命治療並不能促使病人康復，例如，肺癌病人呼吸衰竭，呼吸機能夠短暫維持生命，但肺功能不會恢復，延長的只是死亡過程，對病人可能沒有意義，甚至增加痛楚。這並不是發展這些醫療科技的本意。

要使現代醫療科技能夠持續發展，社會必須處理如何避免科技與療效錯配的問題。面對個別末期病人，應否使用維持生命治療的考慮，牽涉複雜的法律和倫理因素，醫療機構需要有一套合情和合法、並得到社會認同的臨終治療抉擇方式。為此，許多先進國家都已訂立有關指引，香港醫院管理局亦已於 2002 年訂立《對維持末期病人生命治療的指引》，[1] 讓病人、

---

1. 香港醫院管理局（2015）。《對維持末期病人生命治療的指引》2015 年版。香港：香港醫院管理局。取自：http://www.ha.org.hk/haho/ho/psrm/HA_Guidelines_on_Life_sustaining_treateament_2015_tc_txt.pdf。2018 年 4 月 8 日讀取。

家人和醫護人員，可以商討應否不提供或撤去沒有意義的維持生命治療，讓病人安詳離世。這不單是資源錯配的問題，更牽涉病人自主和病人利益等重要倫理問題，本文將集中討論後者。

不等同安樂死

首先要澄清的是，在適當情況下不使用沒有意義的維持生命治療，不等同安樂死。在醫療界和法律界，安樂死是指「直接並有意地殺死病人」，這種做法在世界上絕大部分地方都屬違法。本文稍後將再討論安樂死這課題。

不使用維持生命治療的倫理和法律考慮

在什麼情況不提供或撤去沒有意義的維持生命治療才是適當？從倫理角度，我們要考慮病人自主及病人最佳利益；從法律角度，我們要了解當地的有關法律條文，讓決定能夠合情和合法。

首先，我們要明白，為神智清醒的成年病人做治療，基於現今法律和倫理考慮，醫生必須取得病人知情同意，才可以進行。否則，即使醫生認為該治療確實可以幫到病人，亦不能強為病人治療。在香港，未

得到清醒病人同意而為病人做入侵性治療（Invasive Procedures），法律上屬侵犯他人身體。香港醫務委員會的《香港註冊醫生專業守則》指出，[2] 任何可能有顯著風險的治療，都必須得到明確和具體的同意，而且，同意必須是自願、經醫生提供恰當解釋、並病人清楚明白，才屬有效。故此，若成年病人神志清醒，並獲告知適當的資料，其不接受維持生命治療的決定必須加以尊重。為兒童病人做治療，則要取得其父母或監護人的知情同意，才可進行。

當成年病人神志不清醒，不能作出同意時，如何為病人作醫療決定，各地的法律有不同的規範。香港的《精神健康條例》第 136 章第 59ZF 條，[3] 容許醫生在不清醒病人未能同意的情況下，為病人提供必需和符合病人最佳利益的治療。當考慮某治療是否符合病人最佳利益的問題時，醫護人員應該衡量該治療對病人的負擔及好處。須考慮的因素，包括治療能否改善病人情況及其改善程度、病人會否遭到痛楚或困苦、病人會否喪失知覺而不可逆轉、以及治療的入侵性，更需要考慮病人事先表達的意願及價值觀。由於這涉

---

2. 香港醫務委員會（2016）。《香港註冊醫生專業守則》2016 年 1 月修訂本。香港：香港醫務委員會。取自：https://www.mchk.org.hk/english/code/files/Code_of_Professional_Conduct_2016_c.pdf。2018 年 4 月 8 日讀取。

3. 律政司《雙語法例資料系統》。香港：香港政府。網頁取自：http://www.blis.gov.hk/chi/home.htm。2018 年 4 月 8 日讀取。

及醫療因素以外的價值觀考慮，而病者家屬較熟悉病人的看法，故此，醫護人員需要與病者家人商討，謀求共識。如果大家認同該維持生命治療不符合病人最佳利益，便可以不提供或撤去。

「預設醫療指示」與「預設照顧計劃」

不過，當病人未有事先表達其意願及價值觀，醫護人員與家人可能有困難作出決定。為此，病人可以在清醒時，利用「預設醫療指示」（Advance directive），預先表達有關維持生命治療的意願。「預設醫療指示」在外國已發展多年，並已訂立相關法例。不少「指示」，除了讓病人預先列出在何種情況不接受何種維持生命治療，亦可以指定醫療代言人，當病人神志不清醒時，代病人作出決定。尊重「預設醫療指示」，除了減少了臨終治療抉擇的困難及爭議，更體現了對病人自主的尊重。

香港現時並未有為「預設醫療指示」立法，不過，香港法律改革委員會於 2006 年的報告書認為，[4] 基於普通法，不接受何種維持生命治療的意願有法

---

4. 香港法律改革委員會 (2006)。《醫療上的代作決定及預設醫療指示報告書》。香港：香港法律改革委員會。取自：http://www.hkreform.gov.hk/tc/publications/rdecision.htm。2018 年 4 月 8 日讀取。

律效力，如果該指示「有效」和「適用」，必須受尊重。但是，在香港，指定醫療代言人未有法律基礎。故此，在香港，「預設醫療指示」等同「不接受何種治療」的預前決定。香港法律改革委員會於 2006 年的報告書，提出了以非立法方式推動「預設醫療指示」，並設計了指示範本，適用範圍涵蓋末期病人以及不可逆轉昏迷與植物人。之後，醫院管理局在 2010 年訂立了《醫院管理局成年人預設醫療指示醫護人員指引》，[5] 再在 2014 年的修訂指引，把指示範本的適用範圍擴展至「其他晚期不可逆轉的生存受限疾病」。現時在醫管局，當嚴重病患者的病情不可逆轉，醫護人員可能與病人訂立「預設醫療指示」。

在簽署指示之前，醫護人員需要跟病人及家屬詳細商討，這過程稱為「預設照顧計劃」（Advance care planning）。誠然，與病人及家屬商討面對死亡時的抉擇，並不容易，尤是當病人和家屬對維持末期生命治療的意義不甚了解。為此，醫管局在 2015 年更新《對維持末期病人生命治療的指引》時，加入了「預設照顧計劃」的指引，並積極為醫護人員提供培訓。

---

5. 香港醫院管理局（2016）。《醫院管理局成年人預設醫療指示醫護人員指引》2016 年版。香港：香港醫院管理局。網頁取自：http://www.ha.org.hk/visitor/ha_visitor_text_index.asp?Content_ID=233583&Lang=CHIB5&Dimension=100&Parent_ID=200776&Ver=TEXT。2018 年 4 月 8 日讀取。

醫護人員透過「預設照顧計劃」商討過程，讓病人明白其病情以及可提供的選擇的治療，讓病人表達對治療的意向和價值觀，並簽署「預設醫療指示」。即使病人最後沒有簽署「預設醫療指示」，如果表達了對治療的意向和價值觀，雖然這跟「預設醫療指示」不同，沒有法律效力，但是，仍然很有意義。當病人不清醒，醫護人員與其家屬商討治療方案時，了解到病人的觀點，會較容易作出適當的決定。近年來，透過悉心商討和關懷，簽署「預設醫療指示」的病人數目逐步上升，簽署者亦不局限於末期癌症病人，更包括其他晚期不可逆轉病人。

至於一般身體健康的市民，可能不適宜過早為末期疾病訂定指示。首先，末期疾病可以有千百個病因，未有疾病時，個人不可能知道將來面對的末期病是什麼，而不同的維持生命治療對不同疾病的效果亦不相同。有些情況，雖然疾病不能治癒，但適切的維持生命治療仍可以為病人帶來有意義的數星期或數月存活，故此，很難預先訂定適切的治療計劃；相反，嚴重病患者則已知道病因以及需要面對的實際病況，可以作出適當的抉擇。其次，未有疾病時，個人對生命的價值和對殘障的接受能力，可能與患病後很不同，太早作決定未必適合。最後，大部分末期病人，當診斷為嚴重疾病時，仍然清醒並有能力為治療計劃作出抉擇。

健康市民需要的，倒是及早了解死亡過程和作心理準備，好讓不幸患病時，不至驚惶失措。較年長的健康市民，更可以預早與家屬談論生命末期的照顧取向和意願。當長者不幸患病而喪失神志時，家屬可以按其取向和意願，與醫護人員商討符合病人最佳利益的抉擇。

　　健康市民如果選擇簽署「預設醫療指示」，指示裏較適合局限於不可逆轉昏迷與植物人的情況。首先，這些情況跟末期疾病不同，可能由突發的嚴重腦中風或腦受創所引致，病人不能預知；其次，在這些情況決定不接受維持生命治療，爭議性並不大。此外，如果香港將來訂立了醫療代言人的法例，健康市民可以利用「預設醫療指示」指定醫療代言人，當不幸患病而喪失神志時，讓代言人替病者作出醫療抉擇。

非住院病人「不作心肺復甦術」文件

　　醫生面對有「預設醫療指示」的病人時，需要衡量該「指示」是否有效及適用，才會跟隨「指示」來提供治療。在緊急的情況，例如病人呼吸衰竭、休克或心臟停頓。他送到急症室時，即使病人家屬帶同病人簽署的「預設醫療指示」，因為很難即時決定該「指

示」是否有效及適用，急症室醫生也不是慣常照顧該病人的醫生。故此，一些國家發展了由醫生簽署的指令，說明病人患有嚴重疾病、並按病人意願不應該提供心肺復甦術或其他維持生命治療。在美國，這些指令稱為 Medical Orders for Life-Sustaining Treatment（MOLST）或 Physician Order for Life-Sustaining Treatment（POLST）。這些指令的效力，有法例或行政指示支持，其他醫護人員必須遵從。

香港醫院管理局在 2014 年更新《不作心肺復甦術指引》時，[6] 把指引擴展至涵蓋患有嚴重不可逆疾病的「非住院病人」，並設計了特定的非住院病人「不作心肺復甦術」表格，由醫生簽署，證明該病人的「預設醫療指示」屬有效和適用，故不應該為病人做心肺復甦術。當病人情況惡化，送至急症室時，急症室醫生便可以遵照病人的意願，不為病人做心肺復甦術。

很可惜，現時香港的救護員，由於《消防條例》而未能跟隨「不作心肺復甦術」表格。《消防條例》第 95 章第 7 條說，[7] 消防處的職責包括「令該人復甦

---

6. Hospital Authority (2016). *HA Guidelines on Do-Not-Attempt Cardiopulmonary Resuscitation (DNACPR) (2016).* [online] Hong Kong: Hospital Authority. Available at: http://www.ha.org.hk/visitor/ha_visitor_index.asp?Content_ID=222235&Lang=CHIB5&Dimension=100&Parent_ID=200776 [Accessed 8 Apr 2018]

7. 同註 3。

或維持其生命」。據政府當局對此條例的理解，即使病人已簽署「預設醫療指示」反對心肺復甦術，並有醫生在「不作心肺復甦術」文件上清晰表示病人的指示屬有效和適用，救護員在運送病人至急症室時，仍要為病人做無效用的心肺復甦術。這帶來完全不必要的痛楚，亦是香港政府需要儘早正視的問題。

不構成支持安樂死的理由

在適當情況下不使用沒有意義的維持生命治療，不等同安樂死。容許如此做，亦不構成支持安樂死合法化的理由，兩者在本質上有明確的分別。為避免混淆，醫學界和法律界都不使用「被動安樂死」這名詞來形容前者。

首先，安樂死是用毒藥直接殺死病人。不使用維持生命治療是不再用人工方法延遲死亡，而讓病人自然離世。

其二，面對身心痛楚的病人，除了選擇安樂死，還可以有其他的選擇；例如，現代紓緩治療，透過多個專業團隊的全人關顧（Holistic care）以及悉心的徵狀治療，能夠控制到絕大部分末期病人的身心痛楚。不使用維持生命治療，則是現代醫療發展，在尊重病

人知情同意和病人最佳利益的前提下，所必須面對的考慮。

其三，是兩者所引起的「滑坡問題」並不相同。不使用維持生命治療，至今已涵蓋非末期病人的人工餵飼，「滑坡」已到了底，並非倚靠維持生命治療而生存的人，不會因不使用維持生命治療而死亡。至於安樂死的對象，起初是有嚴重身體痛楚而主動要求安樂死的末期病人，但是，現時在荷蘭和比利時，已發展到涵蓋沒有末期疾病而只是心靈痛楚的人。類似的「滑坡」會否在其他地方發生？「滑坡」會否發展至涵蓋並非倚靠維持生命治療而生存的神志不清病人，例如還可以自然進食的認知障礙長者？這是不容忽視的問題。不同的「滑坡」結果，亦顯示兩者本質上並不相同。

並非放棄照顧病人

最後，大家要了解，面對末期或病情不可逆轉的嚴重病人，決定放棄維持生命治療並不等同放棄照顧病人。醫護人員只是不去無謂地延長病者的死亡過程，但仍會繼續提供基本照顧及紓緩治療，繼續關懷病人，減低病者的身心痛楚，讓病人可以安詳度過人生的最後階段。

整體改善生命末期的照顧

　　醫療科技持續發展，往往令人忘記了死亡是人生必然的事，令人逃避談論死亡，不為死亡過程做好準備。《經濟學人智庫》在 2015 年公布的《死亡質素指數》調查，[8] 香港排名第 22，比排名第 6 的台灣低。香港的醫療專業持續發展，要包括改善香港的死亡質素，這需要多方面的工作配合。首先，香港需要檢討紓緩治療的質量和服務策略。現時香港醫管局有專科的紓緩治療醫生和護士，但是，服務容量遠遠不及需求，更要面對香港人口老化的趨勢。此外，改善臨終治療抉擇是其中重要一環，為嚴重病患者推動「預設醫療指示」的工作，在過往幾年才起步，還需要有心人繼續努力。市民大眾方面，需要積極推動死亡教育，這也是在《死亡質素指數》調查中，台灣比香港強的項目。死亡教育，是讓市民了解死亡過程，思考死亡與生命，從而更珍惜生命，並在適當時候，為死亡過程作出準備，與家人商討死亡的安排，表達生命末期的照顧取向和意願。這比過早訂立未必適合的「預設醫療指示」，更為重要。

8.　The Economy Intelligence Unit (2015) *The 2015 Quality of Death Index: Ranking Palliative Care Across the World*. [online] Available at: http://www.eiuperspectives. economist.com/healthcare/2015-quality-death-index [Accessed 8 Apr 2018].

在政府層面上，政府需要為香港訂立照顧末期病人的整體政策，亦要考慮為「預設醫療指示」立法。雖然在普通法框架下，「預設醫療指示」有法律效力，但是，未有立法，可能會有少數的特殊個案引起爭議。香港法律改革委員會提交報告至今已超過十年，很多環境因素已經改變，政府需要重新檢討，應否為「預設醫療指示」立法。上文提及的另一個法律問題，即是救護員因為《消防條例》而必須為末期病人做心肺復甦術，更是香港政府需要儘早正視的問題。

改善香港的死亡質素，其實正正是建立香港醫療可持續發展必要的一環。正如本章開首所言，提升現代醫療科技雖有助治療疾病，但在疾病不能逆轉和死亡難以避免的情況下，如何提高病人的死亡質素則是我們需要解決的問題。故此，我們需要廣闊的視野，更需要各有心人，在不同崗位繼續努力，好讓眾多曾為社會繁榮付出貢獻的香港人，在人生最後的階段，得以安詳度過。

第七章
兒童醫療倫理——
家長與兒童

李志光

香港中文大學兒科學系教授、香港兒童紓緩學會主席

社會上多數人大概都會同意我們應該重視兒童的福祉，保障他們的最佳利益。不過，由於兒童心智未成熟，因此自然不能像對待成年患者那樣去處理醫患關係，而需要面對的倫理問題亦有所不同。如果孩子生病了，父母都會擔心並趕快帶孩子去看醫生，希望可以盡快康復。一般情況下，父母都會配合醫生，按着醫生囑咐照顧孩子，孩子病好了，父母也會非常感激醫護人員。但在一些情況下，由於對何謂「兒童的最佳利益」有不同的理解，家長與醫護可能站在對立面，甚至鬧上法庭。可能是文化差異，在香港社會比較少對簿公堂，但最近幾年在英國卻有兩宗兒童醫療事件要法庭解決，這兩宗事件反應了一些重要的醫療倫理問題，可以作為討論起點。

誰來決定兒童最佳利益

2014 年，我們這一批醫管局醫護人員往倫敦參加一個醫療倫理課程，剛好碰上一宗轟動歐洲的新聞。一對父母帶着他們 5 歲患有腦瘤的兒子 Ashya King「逃離」修咸頓一間醫院，不知所蹤。英國警方向法庭申請保護兒童令，經國際刑警發出了通緝令。看上去這對夫婦十分不負責任，竟然剝奪自己孩子治療機會，這舉動甚至可能會令孩子失去性命。在了解事情的背景後才發現，其實這對父母是希望用最大

的努力替他們孩子尋求最佳醫療方法。孩子患有一種惡性腦腫瘤叫「髓母細胞瘤」，治療方法包括手術切除、全腦及脊椎電療以及化療。父母完全明白及接受這些治療方法，但分歧在於作何種電療，因為電療腦部對一個只有幾歲的小孩傷害頗大，治癒後智力及內分泌系統都可能遭受嚴重損傷，令孩子不能就讀正常學校，成長受到影響，將來或會找不到工作，長遠也要人照顧。醫生一定會將上述副作用告知家長。以往家長雖然不願意接受這些極具創傷性治療，但沒有其他更好辦法下也得同意，而不接受電療的結果是非常高的復發率。現在醫療科技進步了，而且網上資訊亦非常發達，這對父母知道有一種新電療方法——質子治療（Proton Therapy）。這種治療已經在一些癌症中心使用。當時英國還沒有質子治療中心，但政府有資助某些適合質子治療的病人到美國治療。這對夫婦曾詢問醫生能否用質子治療，以減輕孩子長遠副作用，但醫生卻認為質子治療對孩子沒有明顯好處，安排質子治療反而會延誤正規電療，影響治癒的機會。醫院堅持孩子須接受正規電療，但父母並沒有放棄，自行聯絡了歐洲一家提供質子治療的中心。該中心同意為他們孩子進行治療，但因為治療費用高昂，而家長欠缺現金，於是他們決定先到西班牙賣掉位於當地的一間渡假屋，再帶孩子到質子中心接受治療。他們之前在英國曾經跟醫生提及他們的想法，但醫生不同意，

並告訴父母說醫院可以要求法庭將孩子監護權轉歸醫院，所以，父母在不尋求醫院同意下帶着孩子離開英國。

這個個案反映了一個問題：當醫護人員與父母在孩子的醫療方法有不同看法時該如何處理？原則上所有持分者都是為病人最佳利益尋找最適切治療。醫生覺得按計劃治療可以達到最佳治癒效果，但父母不單考慮治癒也會考慮孩子長遠利益，他們可能終身要照顧一個殘障兒子，尤其是當父母年紀老邁時，誰來照顧這個已經成年的癌症康復者呢？當主診醫生與父母有不同意見時，醫生一方通常是處於強勢，因為他們是專業的，而且有一個強大醫療系統在背後支援，所以家長很多時候即使極不情願，也得接受醫院的決定。醫生的主要考慮在於是能否治好病人，父母當然也是希望能治癒孩子的癌症，但他們的考慮得更長遠，包括需要照顧孩子一生的困難。最後，孩子在歐洲的中心接受了質子治療，之後返回英國繼續治療。但這個孩子的癌症會否復發，或長遠生活質素是否有改善，相信很多年後也沒有答案，但父母會覺得自己已盡了作為父母最大的責任。

如何決定採用新治療方法

　　現代科技發展迅速，醫生也常面對新治療方法該如何取捨。我們教導醫學生要以醫學實證來作醫療決定，最好是有隨機對照組研究，比較兩種不同治療而找出較佳方法。但在兒童醫療方面，兒科醫生時常面對很大困難，因為很多新治療都只是在成年人病人做過研究，而兒童一般只會在較後階段才進行研究，甚或因為病人數目太少，而令藥廠沒有興趣研究。父母在網上找到這些新資訊，要求醫院替孩子作新的治療，醫生也知道在一些其他的中心也有小孩試用過這些治療方法，但這些並非常規治療，而醫院也未能提供這種治療，到其他醫院或外國治療的費用卻可能非常昂貴。如果家庭能夠負擔昂貴醫療費用，而提供新治療的中心也接受這個病人，當然醫生也覺得這個中心是可信的，因此一般也會提供協助讓父母完成這個願望。

　　最近，我也協助一個病人到美國接受基因改良的細胞治療，當時還在臨床階段，剛剛得到美國藥物管理局批准上市，但一次治療費用需 47 萬美元，是個天文數字。一些以前不治之症，新研發的藥物可以減低病情惡化，例如酶替代治療新陳代謝病，每年一個病人藥費可以是數百萬並要接受終身治療，普通

家庭根本是沒有可能負擔得起如此昂貴費用，因此，政府在醫療上必須作出承擔。上述腦瘤孩子個案是比較有爭論性，事件發生後，在醫學雜誌上發表了不同觀點，如果醫患雙方有良好溝通或許可以避免一些對簿公堂的情況。大多數醫生都不希望訴諸法庭，因為孩子以後還需要父母照顧，弄上法庭只會破壞醫患關係，醫生與父母也會失去互信關系，繼以往後治療便會很困難。很多時候替孩子作出醫療決定時，醫生需要多了解父母的想法。對於一些看來不太合理的要求，背後可能有他的理據，醫護人員應保持開放態度，不要擺出醫學權威，並採取聆聽者的方式與父母作深入溝通，希望雙方的意見能讓對方聽到。

醫療自主

　　另一個醫療倫理原則是自主權，一個正常成年人有權決定接受何種治療方法，即使他們的選擇並非醫生認同，醫生也不能強行施予他們認為最適合治療，他也可以預先定下預前醫療指示。而一個未成年的孩子，父母當然是替孩子作治療決定最適合的人，但當醫生發覺父母的決定可能危害孩子健康甚或生命，醫生是有責任去保護孩子。在香港也曾有案例，一個幾個月大嬰兒新診斷患有重型地中海貧血，必需定期接

受輸血才能生存，但父母基於宗教信仰不同意自己孩子接受輸血治療。所以醫院向法庭申請了保護令，孩子必須接受定期輸血讓孩子能正常地活下去。[1] 在上述腦瘤個案，家長失去了自主權，他們又能否到法庭去尋求推翻醫院決定？到法庭去尋求幫助，每個個案情況都有不同，好像腦瘤孩子必需要短時間內做電療，法庭或許不能在短時間作決定。

今年，英國另一個案是父母告上法庭要求推翻醫院要停止治療他們孩子的決定，讓他們可以帶孩子到美國進行試驗性治療。這個男嬰查理・格德（Charlie Gard，「小查理」）患有先天性罕見的線粒體病，病情已發展至腦部嚴重受損，醫院判斷是孩子病情已到了不能逆轉的地步，繼續用呼吸機維持生命對孩子並不是最佳利益。小查理的父母並不同意院方意見，並與醫院盡力爭取，希望將小查理送到美國接受試驗中的「核苷療法」（Nucleoside Therapy）。小查理父母眾籌得醫藥費 130 萬鎊，並得到教宗和美國總統發聲支持，但最後都不能改變法庭裁決，最終轉送到寧養中心，拔除維生儀器離世，整個法律程序從英國法院到歐洲法院歷時五個月。公眾為此有不同意見，有的指醫院殘忍見死不救，員工甚至收到匿名的死亡恐

---

1. Wheeler, R. (2015). "Why do we treat the children of Jehovah's Witnesses differently from their adult parents?". *Archives of Disease in Childhood*. 100 (7), pp. 606–607.

嚇。這個案件醫院與法庭取代了父母成為小查理的醫療決定方，主要理據是不希望延長小查理的痛苦。父母覺得小查理並沒有很多痛苦，孩子整天深睡在深切治療病房，誰能代表小查理表達是否有痛苦？對於一個腦嚴重受損病人，有人認為他們已經沒有知覺，打針抽血等有痛操作也感受不到。另外也有人認為是延長病人沒有意義的生命，家人也是在受苦，但很多時候父母並不覺得他們的孩子在受苦，他們希望能陪伴孩子多一天，這已經是他們最大的滿足。香港醫院管理局也定出對對維持末期病人生命治療的指引，醫生、病人及知情的父母應共同作出決定，臨床因素由醫生主導，而在最佳利益上則由父母主導。原則上應接納父母的決定，除非該決定在未成年病人最佳利益方面與醫護團隊的理解有嚴重衝突。[2]

未到18歲的青少年能作醫療決定或拒絕治療？

在過去二十年，西方國家在這方面做了不少修改，如英國醫務委員會（General Medical Council）提出應讓兒童參與醫療決定，除非那些與病情有關的資

---

2. 香港醫院管理局（2015）。《對維持末期病人生命治療的指引》2015 年版。香港：香港醫院管理局。

料可能對病人造成傷害，否則醫生不應對孩子隱瞞病情。但很多時父母出於保護孩子，不願意將壞消息告知孩子，如何說服父母讓孩子知道病情，有賴醫生耐心地給父母解釋，讓孩子明白病情並能參與醫療決定是對孩子和家人最佳選擇。當然在告訴孩子病情時也要用他們能理解的語言，幫助他們明白自己的病情，可以更有效地參與醫療決定。[3]

18 歲以下的年輕人能獨立作醫療決定並簽署治療同意書嗎？1985 年英國上訴庭作了一個極具影響力的判決，是關於一個 16 歲以下兒童使用避孕藥案件。事源英國衞生處發出指引，醫生可以向 16 歲以下兒童處方避孕藥而無需父母同意，Gillick 女士向法院提出挑戰，指醫生在沒有父母同意下處方避孕藥是違法，會鼓勵兒童進行性行為。上訴庭法官在判詞中指出，16 歲以下青年人如果已達到足夠能力明白並智力上能完全理解提議的治療，他們可以作出治療決定，不一定需要父母同意，而父母對孩子治療決定權會隨着孩子長大而慢慢減低。[4] 香港採用普通法，所以上述案例也適用於香港。香港醫務委員會在「香港註冊醫生專業守則」亦清晰指出如該名兒童未能明白所建議治療的性質和影響，必須取得兒童的父母或法

---

3. British Medical Association (2012). *Medical Ethics Today: The BMA's Handbook of ethics and Law.* 3rd ed. Oxford: Blackwell, "Ch.4 Children and Young People", pp. 145–174.

4. *Gillick v Wisbech and West Norfolk AHA* [1985] 3 All ER 402.

定監護人的同意。如兒童明白所建議治療的性質和影響，並有所需的心智成熟程度和智商，便會視乎個案的重要性及複雜程度而定。醫生有責任確保兒童能真正明白所建議治療的性質和影響，才根據該名兒童給予的同意提供治療。[5]

最近一個 17 歲女孩要求捐肝給母親，香港法例並不容許兒童捐贈器官，雖然她可能有捐肝所需的心智成熟程度和智商，但還是不能得到批准。在外國有不同年齡捐贈器官安排，但需先在社會上作深入討論並取得共識，再經過修改法例才能改變。大部分情況下醫生會同時取得家長和有理解能力的兒童同意，並要求他們在同意書上同時簽名。

當一個未成年病人拒絕治療，醫院又可以如何處理？如果孩子年紀小而作出拒絕決定並不合理，但父母也同意治療下，醫生是會進行治療。但一個十多歲青少年拒絕一個重大醫療決定，甚或可能有生命危險，醫生會與父母一同盡力給病人解釋，嘗試了解他不同意原因並尋找解決方法。在外國曾有一案例，一個 15 歲女孩心臟功能衰竭需要進行心臟移植，家長同意但病人堅決反對作手術，她不願意終身服用免

---

5. 香港醫務委員會（2016）。《香港註冊醫生專業守則》。香港：香港醫務委員會。

疫抑制藥，也不願意接受一個他人的心臟在自己身體內，她明白不做移植是會死亡。最後事情要在法庭解決，法官裁定這個青少年心智上沒能達到作這個醫療決定，判決需進行移植手術，在判令後病人也改變主意同意接受移植。亦有個案是青少年與父母同時反對治療方法，醫院與病人及父母多次討論仍然不能說服病人，而整個家庭成員有統一意見使用另類療法，病人心智成熟及明白不接受傳統治療的後果。醫院最後沒有向法庭申請兒童保護令，因為醫護人員明白如果病人不同意及配合治療，根本沒有辦法施行治療，即使將病人關在醫院也不能成功幫孩子進行治療。有些時候病人一家可能跑到外地，醫生更可能與病人完全失去聯繫，沒有機會再與病人溝通。

保護兒童

父母有責任保護自己子女免受傷害，但現今社會還是發生一些家庭悲劇，例如幼兒因父母疏忽或故意傷害受到嚴重損傷甚或死亡。又如有濫用藥物的父母在家中不當地放置毒品，孩子意外服用毒品而出現昏迷，送醫院後發現血液中毒品濃度很高。如能成功搶救孩子，醫生與社工便要肯定孩子出院後的安全，評

估他能否在安全環境下生活。孩子最好是能和父母一同生活及成長，但孩子生命安全最重要，如有懷疑跟父母同住有危險，便要安排將孩子轉歸社會福利署照顧，以保障孩子安全。

結語

因不同價值觀而衍生的道德問題，是醫療專業經常會碰到的，而上述的兒童醫療倫理難題即屬一例。無論如何，兒童與父母是一個整體不應被分割，作醫療決定時，父母與醫護都會以病人福祉作為最重要考慮因素。但當出現醫護與父母有不同意見時，每個個案也有不同背景及很多考慮因素，如何能達到多方面都同意，必須從多角度思考及持開放態度，多從對方立場想想。

第八章
新生兒遺傳篩選的倫理討論

林德深

香港中文大學醫學院榮譽教授

隨着醫學方面的發展，過去幾十年在新生兒篩選方面的進展也很大。在幾個專科裏的重要領域都已經發展了篩選專案，包括了先天性畸形、先天性代謝病、遺傳性失聰和心智發育遲緩，其中包含了很多比較罕見的遺傳病。多年來，世界上不同的國家及地區已經開展了不少新生兒篩選計劃，例如上世紀 60 年代美國水牛城大學（University of Buffalo）的 Robert Guthrie 開展了一項新的計劃，利用濾紙滴血檢測法篩選一種代謝病：苯丙酮尿症（Phenylketonuria）。[1] 這是新生兒篩選遺傳病的一個很好的模型。及至 70 年代，這類計劃也擴展到兒童內分泌症的領域，包括先天性甲狀腺功能低下的篩選。到了 90 年代，發展了新技術串連質譜儀（Tandem Mass Spectrometry），從此使用同一個濾紙方法就可以篩選出其他多種代謝病。現在在很多國家地區都已經擁有以上的技術，亦開展了多項新生兒的遺傳病和代謝病的篩選系統。可是，發展新計劃的時候也帶來一些倫理的問題，而當中不少牽涉社會甚至法律因素的考慮。這些問題當中有些較易解決，但不少仍具爭議性。2003 年以後，人類基因組的知識獲得長足發展，確立了大量不同種類的遺傳病檢測，新生兒遺傳病的篩選看來也可利用

---

1. Guthrie, R. and Susi, A. (1963). "A Simple Phenylalanine Method for Detecting Phenylketonuria in Large Populations of Newborn Infants". *Paediatrics.* 32, pp. 338–343.

這些新技術。不過正因如此，也引發了很多新的倫理問題。

什麼是醫學篩選

簡單來說，醫學篩選的目的就是針對一個高危的族群，利用各種方法查出哪一個人帶有某種疾病的風險，從而針對性地為他提供適當的防禦措施或治療。醫學篩選是一個公共衛生醫學的概念，有別於個人的診斷。1968 年聯合國世界衛生組織發表了一份報告，提出關於醫學篩選的重要指引。[2] 其中最重要的包括以下三方面：第一，關於針對的某種疾病，我們必須明確地了解該病的成因、病變機制和發展，以及治療方式。最重要的是需要有一個時間視窗（Time window）可以讓篩選及時進行。第二是關於篩選的方法：它是否可靠？敏感度、特異性和預測值又如何？最重要是必需考慮他人對篩選方法的認受性。第三個要求，除了倫理、法律和社會效應的考慮，也要顧及經濟方面的成本效益。要留意的是，所有醫學篩選都是系統性的計劃，所以要正確地調配社會資源，也必須取得社會共識，因而需要很多關於倫理的考慮。

---

2. Wilson, J., Jungner, G. and World Health Organization. (1968). *Principles and practice of screening for disease*. Available at: http://www.who.int/iris/handle/10665/37650 [Accessed 28 Apr. 2018]

新生兒篩選

　　新生兒的定義就是剛出生到四周的孩子。在統計學上，百分之三到百分之五的新生兒可在剛出生或往後幾年查出各類先天性和遺傳的疾病。本章開首提到，上世紀 60 年代發展出來的第一個篩選系統，針對的遺傳病是苯丙酮尿症，並已發展出一種很有效率的篩選技術。由於整個篩選系統既能臨床應用也合乎成本效益，所以是一個很好的醫學模式。根據這經驗，後來陸續發展出其他內分泌病和多種代謝病的篩選計劃。新生兒甲狀腺功能低下的篩選隨後也在 70 年代開展了，成效良好。至於如何選擇篩選哪一種病，其中一個考慮因素是該病的發病率。雖然有不少族群的遺傳病的發病率比較相近，但也不乏明顯的差別。比如在西方比較常見的囊性纖維化（Cystic Fibrosis），在東方的族群裏則比較罕見。另外，在北美州較為常見的鐮狀細胞貧血（Sickle-cell Anaemia），在東方亦比較少見。地中海貧血和葡萄糖六鏻酸脫氫酶缺乏症（Glucose-6-phosphate Dehydrogenase Deficiency, G6PDD）在華南地區常見，於華北地區便不常見了。所以，在政策方面，首先須注意就是要篩選什麼病，因為某一疾病在某一個族群適合篩選，但對另一個族群卻可能不適合了。

香港新生兒篩選的發展

從上世紀六七十年代開始，香港已經開始遺傳病的研究，其中包括地中海貧血和 G6PDD。由於香港的族群主要來自中國南部幾個省分，因此 G6PDD 的發病率較高，大概百分之四點五的男性和一千分之三的女性都攜帶着這個疾病的基因變異。由於 G6PDD 對新生兒的影響較大，所以自上世紀 70 年代香港政府已經開始研究如何作出篩選。1984 年，醫務衛生署開展了一個全港新生兒篩選計劃，除了 G6PDD，[3] 還包含先天性甲狀腺功能低下。[4] 至於在西方常見的笨丙酮尿症，卻因港人發病率較低，所以並沒有包含在計劃內。過去三十多年，該計劃幫助了三萬多個兒童和他們的家庭，可算是一項甚有成果的服務。

---

3. Lo, KK., Chan, ML., Lo, IFM., Lai, SSL., Li, KCK., Hung, P. and Lam STS. (1996). "Neonatal Screening for Glucose-6-phosphate Dehydrogenase Deficiency in Hong Kong". In: Lam, STS. and Pang, CCP eds., *Neonatal and Perinatal Screening*. Hong Kong: The Chinese University Press, pp. 33–36.

4. Lo, KK., Lam, STS. (1996). "Neonatal Screening Programme for Congenital Hypothyroidism in Hong Kong". In: Lam, STS. and Pang, CCP eds., *Neonatal and Perinatal Screening*. Hong Kong: The Chinese University Press, pp. 145–148.

典型的倫理問題

通過香港新生兒篩選計劃，我們了解到一些很重要的典型倫理問題。第一，是計劃的目的與手段的問題。這類具有預防性質的公共衛生醫療措施，目的十分明顯，就是為了保障兒童的健康。基於這個理由，有些國家（譬如美國）的新生兒篩選計劃都以強制形式進行。這種手法實際上剝奪了新生兒的父母的選擇和決定的權利。過去幾十年來，這種強制手段引起了一定的爭議，因為父母沒有經過「知情同意」（Informed consent）的過程就被逼參加了這種計劃。當然，後來也有人提出了一些補救方案以解決這項倫理爭議，如設立名為「知情拒絕」的機制，即假定不退出計劃的父母等於同意對新生兒進行篩選，而不想參與的父母需要主動申請退出計劃。這種方法也大大減省了行政工作。從倫理學視角而言，這是一個關涉自主（Autonomy）的議題，同時也包含了另一個核心的爭議：究竟這類計劃是為了公眾的利益，還是為了新生兒的個人利益呢？其他家庭成員（包括父母親）的利益又如何計算呢？當然，大多數人都會認為最重要的，還是這些計劃要以兒童的利益為出發點。此外，新生兒篩選能夠預防疾病，對社會整體亦有好處。然而，父母或其他家庭成員的利益就比較複雜，因為篩選雖對新生兒有益，而父母或家屬也沒有主動退出計劃，但當知悉結果時，他們或會覺得不快及難

以接受。在這種情況下，我們應該如何平衡各方的利益呢？在東方國家或地區的新生兒篩選計劃裏，上述這種倫理爭議看來沒有西方那樣嚴重，可能是因為東方人比較習慣集體主義的生活模式吧。

第二個倫理問題與遺傳歧視有關。因為很多篩選出來的都屬罕見疾病，當中部分可能在日後才發病。人們關注的是有病的兒童，或帶有風險的孩子，會否因為有了這些基因而遭受歧視呢？歧視可能發生的場合包括了學習的環境、工作的場地、家庭以及社區，購買保險也可能出現較多障礙。對於這些遺傳因素導致可能出現的歧視，不同的國家有不同的應對方法。比如美國已經立法禁止因個人遺傳因素而受到歧視。[5] 通過法律加強個人的保障，對新生兒遺傳篩選看來也有一定的幫助。至於其他沒有立法保障人民不受遺傳歧視的國家或地區如何解決這個問題，看來也需要多加討論吧。

擴張新生兒篩選

到了上世紀 90 年代，新的篩選科技又出爐了。這項在北美研發的新技術叫串連質譜儀（Tandem

---

5. The Genetic Information Nondiscrimination Act of 2008 (Pub.L. 110–233, 122 Stat. 881, enacted May 21, 2008.)

Mass Spectrometry）。通過這種技術，我們可以在新生兒的血液裏面檢查他有沒有氨基酸、脂肪酸和有機酸等代謝病。因此，不少地區的衛生組織很快就將這項技術被應用於新生兒篩選方面，短短幾年已經發展成一個新的篩選工具，名為擴張新生兒篩選（Expanded newborn screening）。[6] 有了這項新的技術，我們可以一下子查出多達三十多種的遺傳代謝病。不過，這種新技術也帶來了一些新問題。最重要的是，這幾十種疾病各有特質，其中一部分並沒有特別的臨床後果，根本不應該稱為疾病。最後還要看臨床的結果來選擇篩選那一項。

在香港，我們於上世紀 90 年代已經掌握這種新技術的應用，但一直等待適合擴大新生兒篩選的時機。主要的原因不是技術問題，而是考慮到這種新技術在其他地區應用時所產生的問題和引起的爭議。經過反覆討論後，香港政府決定在 2015 開始一個先導計劃，由醫管局和衛生署領統籌，到了 2017，終於決定在香港所有公立醫院裏實行新的擴張新生兒篩選計劃。根據香港的經驗，各界最主要關注這個計劃如何選擇和決定針對哪一種疾病作篩選。雖然這種討論看來不是一種很重大的倫理爭論，但實際上卻涉及如何善用社會資源和公平理財的哲學。

---

6. Centers for Disease Control and Prevention (2001). "Using tandem mass spectrometry for metabolic disease screening among newborns: A report of a work group". *Morbidity and Mortality Weekly Report*. (50) , pp. 1–34.

基因組規模篩選

2003 年，人類基因組計劃完成了。從此，人類可以通過檢查自己的基因來尋找身體健康和疾病的基礎。往後十多年的科技發展愈來愈快，這些技術和基因測試也愈來愈便宜，而且無論在臨床的病理診斷，或是在公共衞生醫學的應用也愈來愈普及。在臨床方面，這種新技術已經應用於發展個人化醫學（Personalized medicine）和精準醫學（Precision medicine）。同時，很多人亦開始構思將這種新技術應用在更廣潤的層面。大家都明白到遺傳基因與疾病和健康有密切關係，因此也愈來愈多人討論如何能把這些新知識應用到篩選疾病和遺傳風險方面。一個新的概念也因而被提出來，就是所謂的基因組規模篩選（Genome-scale screening）。這概念雖有吸引之處，但如何使用這種技術作大規模的篩選，仍有很多倫理及實際考慮。在新生兒篩選方面，主要的倫理考慮有如下幾個。

第一，這個概念跟過去使用的技術規模不一樣。過去的新生兒篩選方法，主要是針對性的個別篩選，而每種被針對的疾病都有已知的基因變異和生化改變。現在提倡的基因組規模篩選的涵蓋面非常大，好處是能夠獲取更多資料，用於預防疾病和提醒患者及早治理。然而，這種篩選方法也可能因為取得過多的資料而產生倫理上的問題。其中一種資料名為附帶發現（Incidental finding），包括成年時才會發病的基因

組變異。另外一種是隱性遺傳病的基因變異。這些資料對新生兒沒有多大好處，甚至可能構成障礙，因為我們可能剝奪了孩子的不知情權，並否定了他有一個開放的將來。第二，其他家庭成員因為與新生兒密切的遺傳關係，而覺得自己也有權利獲得這些資料。那情況更形複雜了。第三，目前科技仍有若干限制，在分析基因組資料的過程中，往往發現多種不明確的變種（Variant of Uncertain Significance, VUS）。對於如何解讀這些 VUS，至今還是一個很大的疑問，所以有人主張在短期內不應該將基因組規模篩選這種概念放在新生兒篩選的領域內。[7]

結語

隨着遺傳學和基因組學知識的增進，加上不同科學技術的大力發展，人類現在有愈來愈多方法進行各種篩選，從而獲取更多具臨床的實用資訊。在新生兒篩選的領域內，目前常用的針對性篩選方法，還是非常有用。新技術的發展也可能帶來新的篩選概念，但往往亦帶來新的問題和挑戰。遇上這些因發展而來的新機遇和倫理問題，我們只有通過更多開放的討論和更深入的研究，才能充分把握這些機會和解決各種爭議。

---

7. Botkin, JR. and Rothwell, E. (2016). "Whole Genome Sequencing and Newborn Screening". *Current Genetic Medicine Reports*. 4(1), pp. 1–6.

第九章
精神科治療與醫學倫理

鄧麗華

香港東區尤德夫人那打素醫院精神科顧問醫生

政府提倡香港醫療系統持續發展，其中一個目標是提高全民健康水平。要達成這個目標，除了改善公共衛生及改革基層醫療等方面外，市民的精神健康也是重要的一環。

精神科服務歷史發展

精神科治療和服務經歷過一段艱辛探索之路。早期的病患者多被誤解、被社會孤立和任由自生自滅，更甚的是被當作鬼附折磨。18 至 19 世紀開始較人道的精神病院治療，但過了不久，大型精神病院出現了擠迫及院舍化的不良現象。1950 年代初第一代抗思覺失調精神科藥物氯丙嗪（Chlorpromazine）面世，帶來治療的突破。[1] 其後各類型的精神科藥物及治療介入亦陸續帶來顯著的治療成果。今天，大部分病人可以在社區治療。有需要住院的病人亦往往需要較短住院時間，康復者更可以重新融入社會。隨着腦神經科學的發展及治療實證研究，精神科的診斷及治療都上了軌道。現在較多人明白各種精神科疾病及較願意接納治療。精神科疾病的普遍性更是現代經濟科技高速發展社會要面對的社會公共衛生問題。「沒有精神健

---

1. Rosenbloom, Michael (2002). "Chlorpromazine and the Psychopharmacologic Revolution". *The Journal of the American Medical Association*, 287(14), pp. 1860–1861.

康便沒有健康」是很多國家包括世界衞生組織的精神
健康政策口號。[2] 隨着精神科服務的發展，醫學倫理的
探討和應用更爲重要。

精神科與醫學倫理

醫學倫理四大基石包括尊重自主（Autonomy）、
公平公正（Justice）、行善裨益（Beneficence）及
不予傷害（Non-maleficence）。[3] 所有醫療服務理應
如此。精神科服務也絕不例外。希波克拉底誓詞
（Hipprocratic oath）和世界醫學協會國際醫學倫理
學規範（International Code of Medical Ethics of the
World Medical Association）都是精神科醫療服務需
要持守的重要價值觀。然而精神科服務需要面對醫學
倫理的挑戰並不少，其中原因包括精神科疾病的獨特
性、病者的精神行爲能力，需要平衡風險與自主的治
療及保密原則和獨特的醫患關係。

2. World Health Organization (2013). *World Health Organization Mental Health Action Plan 2013–2020*. Geneva: World Health Organization.

3. Beauchamp, T. and Childress, J. (2013). Principle of Biomedical Ethics. 7th ed. New York: Oxford University Press.

精神科疾病的獨特性及診斷界線——
鬼附、壞人、罪人、病人、正常人的界線

　　大腦及神經系統功能高深莫測，今天腦神經科學發展一日千里但仍有許多難解之迷。很多精神病病徵根源在於腦神經系統偏差失衡以致影響生理、情緒及行為。精神科疾病的診斷並不像一般身體疾病可以有血液量化、有病理或放射檢查結果可以客觀核實。病徵靠病者或家人描述表達。很多診斷靠賴觀察思維、情緒、感觀、生活功能及行為。嚴重性及持久性都是考慮因素。診斷亦要考慮宗教及社會文化背景。加上精神失衡往往受到複雜的生理、心理及環境因素交織而成。不但社會人士有誤解，患者自己或其家人亦有困難明白及接受診斷及治療。不願意被診斷為精神病的病人會覺得被診斷是一種傷害。強制治療更是醫學倫理的極大挑戰。

　　精神科疾病診斷界限的確時有爭議。情緒失控或行為異常令旁人摸不着頭腦。古代有精神病者常被誤為鬼附，病者慘被歧視及誤待。今天在不同文化或宗教背景中個別不尋常行為案例仍有精神病與靈界現象的爭議，親屬或宗教人士亦未必同意精神病的診斷。醫者的確要留意宗教文化背景去了解異常行為以作出分辨。

亦有很多問題行為或不尋常的行為如各種類沉溺、性偏離、暴力或極端思維，這些行為是否牽涉道德問題、罪惡問題、性格問題還是精神病態仍時有爭論。另外情緒的高漲或低落、暴躁或衝動，可以是正常人的情緒表現或性格特徵，要界定何時才為精神病的病徵時，需要考慮嚴重性、持續性及影響日常生活功能的嚴重程度。患者本身與他們身旁的家人、朋友、同事甚或鄰居都有可能有不同解讀。何時需要介入治療亦時有爭議性並涉及私隱及人權問題。

很多性偏離診斷與性偏好的分別在於有沒有導致個人痛苦或損傷，以及是否涉及傷害自己及他人作為臨床介入的理由。性偏離診斷和性偏好的準確分界及應否納入精神科診斷手冊，如美國《精神疾病診斷與統計手冊》（*The Diagnostic and Statistical Manual of Mental Disorders, DSM*）或「國際疾病與相關健康問題統計分類」（ICD）仍有爭議，如何及應否治療更涉及道德價值觀的判斷。

近代涉及正常或不正常，病態或個人生活選擇的公眾爭議例子是同性戀。同性戀被《美國精神疾病診斷與統計手冊》（*DSM II*）介定為性偏離（Paraphilia）的其中一類。[4] 1973 年，美國精神醫學學大會投票決

---

4. American Psychiatric Association (1968). *Diagnostic and Statistical Manual of Mental Disorders*. 2nd ed. Washington, DC: American Psychiatric Association

定將同性戀從精神疾病診斷與統計手冊移除，但被性傾向困擾（Sexual orientation disturbance）代替。[5]同性戀在 1987 年的《精神疾病診斷與統計手冊》第三冊修訂版完全移除。[6]世界衛生組織的「國際疾病與相關健康問題統計分類」（ICD-10）亦在 1992 年移除了同性戀的診斷，但仍有與自我不協調的性傾向診斷（Ego-dystonic sexual orientation F66.1）。[7]

部分思覺失調的病人有被迫害妄想，亦有涉及政治或有權力機構迫害的思維。分辨現實或幻覺是精神科醫生的責任。某些極權國家的精神科醫生曾不幸地被認為是被利用為收押政治犯的工具。精神科醫生在診症及治療應當不考慮任何非醫療的因素。健全的精神健康醫療系統要有完善精神健康法律條例作為病者的保障。

精神行為能力（Mental capacity）——
執行知情同意（Informed consent）的重要考慮

病患者有權決定接受或拒絕治療，醫生有責任告知患者治療的好處及風險讓患者自行決定。精神病治

---

5. American Psychiatric Association (1980). *Diagnostic and Statistical Manual of Mental Disorders.* 3rd ed. Washington, DC: American Psychiatric Association.

6. American Psychiatric Association (1987). *Diagnostic and Statistical Manual of Mental Disorders.* 3rd revised. Washington, DC: American Psychiatric Association.

7. World Health Organization (1992). *The ICD-10 Classification of Mental and Behavioural Disorders: Clinical Descriptions and Diagnostic Guidelines.* Geneva: World Health Organization.

療亦不例外。知情同意需要病者明白自己的病情,知道及明白治療的好處及風險,亦要明白拒絕治療的風險及有沒有其他選擇。病者需要神智清醒並有理性決定。執行知情同意要考慮病者的精神行為能力。嚴重精神病患者可以因腦功能失調影響了思維、感觀或認知功能以致不能分辨現實與幻像,缺乏病識感(指患者對於自己健康狀態的知覺能力)更令患者否認疾病而不願接受治療。

　　評估精神病治療的知情同意(Informed consent)有時較簡單清晰,例如病者有嚴重幻覺影響對治療決定的判斷,但有些情況較複雜並有倫理爭論。誰人可以決定病人的精神行為能力及何時需要超越病人自主同意而要強制治療都有其挑戰性。其中一個例子是嚴重厭食症,病人可以是非常清醒,有良好思維能力並不受幻覺影響。[8] 但病者可以明知死亡後果但堅決執着其飲食偏執並拒絕治療。何時可以超越病人同意強制入院並強迫進食?病者體重過低或維生指素偏差至有生命危險可以是一個決定指標。支持者認為短暫侵犯病者自主可以帶來真正自主。病人的思維偏執可以在體重增加後有改變以致可重新過正常生活。但亦有人認為強迫進食漠視病者的自主及可以帶給病人創傷。

8. Sisti, DA., Caplan, AL. and Rimon-Greenspan, H. ed., (2013). *Applied Ethics in Mental Health Care: An interdisciplinary Reader*. Massachusetts and London: The MIT Press Cambridge.

更有人認為病人有權利選擇自願的不良後果包括死
亡。複雜的倫理爭論有時需要在法定機構如精神健康
覆核委員會或監護人委員會或法院作出決定。

強制治療——需要平衡病人自主與
保護病人利益或他人安全的決定

　　大部分國家都有精神健康法律條例處理強制治療
作為制約和平衡。香港特區政府目前採用的精神健康
條例（第 136 章）。[9]其中第 31 條強制病人入精神科醫
院觀察的申請者包括親屬或註冊醫生或社會福利署的
公職人員，需要第二部分的醫療意見並有第三部分法
官的命令。醫生要提供書面意見，包括該病人患有精
神紊亂的性質或程度是足以構成羈留在精神病院內至
少一段有限期間，以接受觀察或接受觀察後再接受治
療，並為本身的健康或安全，或是為保護他人着想，
應該將該病人如此羈留。若要將接受觀察病人的羈留
期延長（第 32 條）及實證病人的羈留（第 36 條）更需
要兩名醫生的醫療意見及區域法院法官加簽。被強制
入院的病人可以向精神健康覆核審裁處作出申請覆核。

　　除了精神科治療外，精神健康條例第 IV C 部可
以讓註冊醫生或註冊牙醫無需病人同意，為精神上無

9. *Mental Health Ordinance, Cap 136*, Law of Hong Kong, 2012

行為能力的人進行治療。精神健康條例第 IV B 部亦有作出監護令的權力委任監護人代表精神上無行為能力的人同意接受治療。雖然法律條文有規限、制約與平衡的效用，但強制治療減弱病人自主及影響醫者與病人關係，應只在小心平衡利弊後使用。

近代西方社會去院舍化（Deinstitutionalization）走得很快，社區治療迅速發展。多個國家包括美國、加拿大、澳洲及英國已推行了社區強制治療令。這是一個具爭議性的課題，亦是涉及病人自主與風險管理的倫理爭議。評估社區強制治療令效用的研究有不同看法。應否使用脅迫方法令病人接受社區治療不斷受到爭論。[10] 但每逢有重大社區暴力事故發生，這議題又會浮現。香港特區政府的精神健康檢討委員會也有把這個檢討放入議程（Mental Health Review Report 2017）並會持續跟進。[11]

另一方面，聯合國《殘疾人權利公約》（*The Convention on the Rights of Persons with Disabilities*（CRPD 2006）article 12）提倡殘疾人士在法律上的平

---

10. Burns, T., Rugkåsa, J., Molodynski, A., Dawson, J., Yeeles, K., Vazquez-Montes, M. et al. (2013). "Community Treatment Orders for patients with psychosis (OCTET): A randomized controlled trial". *The Lancet*, 381(9878), pp. 1627–1633; Swartz, M S. and Swason, J W. (2015). "Consideration of all evidence about community treatment orders". *The Lancet,* 2(10), pp. 852–853.

11. HKSAR Food and Health Bureau (2017). *Mental Health Review Report*. Hong Kong: HKSAR Food and Health Bureau.

等，倡議取消在精神無行為能力的殘疾人行使的「代替決定」法律，如監護人制度及其他強制治療的精神健康條例，並建議以「輔助決定」取代。各方面反應不一，實際應用及可行性還需探索。[12]

遵守保密原則 —— 平衡保護他人或病人安全的風險考慮

　　精神科的醫者與病人關係比起其醫患關係有其獨特性。一般來説，精神科醫者需要全面掌握病者的個人成長經歷、身心發展及家庭背景以便明白病徵的發展及計劃有效的心理及社會介入。醫者所掌握的私隱比其他醫療關係更多。遵守保密原則是精神科醫患互信的基石。親如家人，父母、子女或配偶查詢也不會在沒有病人同意下透露病人私隱。但是保護私隱亦有倫理考驗。當保護私隱與公平公正及行善裨益有牴觸時，就要決定甚麼要優先考慮。例如病人透露了自己虐兒或有嚴重家暴的情況但不願接受幫助，醫者就需要考慮在沒有病人同意下轉介相關機構介入。

12. United Nations (2006). *Convention on the rights of persons with disabilities;* Morrissey, F.(2012). "The United Nations Convention on the Rights of Persons with Disabilities: a new approach to decision making in mental health law". *European Journal of Health Law*, 19(5), pp. 423–440; Freeman, MC. et al. (2015). "Reversing hard won victories in the name of human rights: a critique of the General Comment on Article 12 of the UN Convention on the Rights of Persons with Disabilities". *The Lancet Psychiatry,* 2(9), pp. 844–850.

另外如病人在醫療過程透露要傷害其他人，精神科醫生有責任要處理並在可行的情況下通報受害人。美國加州最高法院在 1976 年 *Tarasoff v. Regents of the University of California* 案件明確表達精神科醫生或心理治療師有法律責任去發出警報給病人恐嚇傷害的受害人。這個又名 Tarasoff Principle，是一個醫者的保護責任，亦被看為受害者的應有權利。[13] 另一倫理責任考慮是一個病人告訴醫生有自殘念頭但不願醫者透露給其親人知道亦不願意入院治療。強迫入院或不顧病人反對通知家人可能永久傷害醫者和病人的關係。這些都是不容易的決定並涉及準確的臨床風險及利弊評估。

精神病法醫評估是另一類要考慮病人保密原則的醫患關係。精神料醫療報告在法庭審訊時對判案有一定影響。病人的診斷及其犯案時的精神狀態往往是法官決定罪名是否成立或量刑的考慮。病人要清楚明白精神病法醫評估的目的及相關資訊會在這法醫報告中被透露。

---

13. *Tarasoff v. Regents of University of California*. [1976] 17 Cal. 3d 425; Felthous. AR (2006). "Warning a Potential Victim of a Person's Dangerousness: Clinician's Duty or Victim's Right?". *Journal of the American Academy of Psychiatry and the Law*, 34(3), pp. 338–348.

醫者和病人關係 —— 保持恰當界線

精神科心理治療是治療的重要一環。不同類型的心理治療有不同焦點。心理治療可以聚焦在檢視病者過去與重要人物的關係及創傷，或集中處理病者面對困難挑戰的不適當思維、行為及情緒反應。無論何種心理治療模式都需建基在一個醫患良好信任關係。心理治療師的理想質素包括能令病者感受溫暖及對病者的無條件正向關懷及接納。正因為精神科心理治療過程使醫患關係密切，會出現病人將重要人物的感情投射在治療師身上（Transference）。治療師或會因病者的情緒行為表現反投射回病者身上（Countertransference）。各類情緒反應可影響醫者與病人的關係界線或理性決定。

面對起伏的治療過程，治療師要注意這些道德倫理危機，如與病人界線、保護私隱、避免利益衝突及妥善處理各種情緒投射及反投射反應。如遇困難時，治療師亦應在適當時候尋找獨立客觀的專業意見。

世界精神醫學會 —— 精神科醫學倫理的標準

1996 年，世界精神醫學會在馬德里再次重申精神科醫學倫理的標準。[14] 重點包括：

---

14. World Psychiatric Association (1996). *Madrid Declaration on Ethical Standards for Psychiatric Practice.* Geneva: World Psychiatric Association.

1. 提供最好治療，採取最少限制自由的治療方式，尋求非本身專長的專業諮詢。

2. 汲取專業科技發展新知，並傳授最新技能給其他同業。

3. 病人為同伴，醫患關係建立在互信互敬，讓病人在自由意志和被告知下做決定，有責任提供相關資訊使病人遵照自己價值觀及偏好做理性的抉擇。

4. 當病人因精神疾病障礙無法做適當的判斷時，精神科醫生有責任遵循各該國家特定法律程序決定強制治療，為確保病人的人格尊嚴和法律權益，應徵詢家屬意見，如必要，可尋求法律諮商。除了顧慮延誤治療會危害病人或親人的生命安全外，所有治療必須尊重病人的意願，非經病人同意，不得採取治療。

5. 當精神科醫生應邀去評估一個人時，有責任告知被評估人執行目的所在，以及評估資料的可能運用。

6. 在治療關係中所得資料應被視為隱私，僅能用以改善病人心理健康為目的。精神科醫生切忌利用這些資料作為個人私自目的、學術或經濟利益。如為避免因維護隱私而可能造成病人或他人身體或精神嚴重傷害，適當時可透露其隱私，但精神科醫生盡可能先讓病人了解其不得不這樣做的緣故。

7. 沒有科學價值的研究是不道德的，研究活動必須經過適當的倫理委員會審議通過。精神科醫生必須遵守各該國及國際認可研究行為規則，只有經過適當訓練的人員才能進行或主持研究。由於精神病患易於被利用於研究對象，對病人的自主性及其身心的完整性應格外提高警覺給予保護。

另外世界精神醫學會也訂立了其他一些特殊議題的倫理規範，包括安樂死、虐待、死刑、性別選擇、器官移植、媒體發言尊重私隱、種族文化的排斥以及基因研究。[15]

復元為本的精神健康服務

近年來復元為本的精神科服務（Recovery-oriented care）提倡幫助病者從病的局限中建立有意義、有希望及有貢獻的人生。精神科服務需要聚焦於建立病人信心，提升自主，倡議尊重、賦權、朋輩支援，幫助病人面對病情起伏，以及促進以優勢為本的

---

15. 張家銘，周希誠，賴德仁（2004）。〈精神醫學在本土上的應用（Psychiatric Ethics Application in the Domestic)〉，《台灣醫學人文學刊》。台中：中山醫學大學醫學社會暨社會工作學系。5 卷 1&2 期，97–108 頁；義大醫院（1996）。《馬德里宣言》。義大醫院網頁。取自：http://exdep.edah.org.tw/ethics/index.php/2017-05-15-02-25-53/21-2017-05-15-05-54-43。2018 年 4 月 10 日讀取。

個人化康復計劃等。[16] 這復元理念成為多個國家的精神健康醫療政策的願景。香港也不例外。醫管局成人精神服務 2010–2015 的未來願景也是「一個個人化服務建基於有效的治療及個人的復元」。[17] 隨着復元慨念的引進，強化服務使用者的自主更為重要。醫學倫理中要平衡病者的自主及各項風險要素是不容易的藝術。在風險與照顧的考慮下，採用對服務使用者最少限制的方案。有困難時盡量尋找方法促使病人參予決定，邀請照顧者的參予或尋找獨立意見，都是重要保障。

16. Anthony, WA (1993). "Recovery from Mental Illness: The Guiding Vision of the Mental Health Service System in the 1990s". *Psychosocial Rehabilitation Journal*, 16(4), pp. 11–23.

17. Hospital Authority (2011). *Mental Health Service Plan for Adult 2010–2015*. Hong Kong: Hospital Authority.

第十章

器官捐贈——
不是自願便是默許？

陳浩文
香港城市大學公共政策學系哲學副教授

范瑞平
香港城市大學人文社會科學院生命倫理及公共政策講座教授

徐俊傑
香港城市大學專上學院兼任講師

香港不少病人需要器官移植以挽回生命，但是可移植器官的供應嚴重不足。如何增加器官的數量，確保有需要的病人能夠延續生命，是考慮本地醫療系統的可持續發展時必須回應的個問題。政府去年（2017年）中開始收集市民對「預設默許」（Opt-out）機制意見的調查工作，似乎有意從改變捐贈機制着手，增加可移植器官的供應。本文嘗試討論不同提高捐贈器官方法的有效性和所引發的倫理問題。

過往二十年，香港器官捐贈率持續增長，由1996年的每百萬人中僅有 4.6 名捐贈者，及至 2016 年每百萬人中已有 6.3 名捐贈者。雖然如此，本港仍屬全球捐贈比率最低的地區之一。[1]相反，西班牙的捐贈率則是世界之冠，2016 年每百萬人中就有 43.4 捐贈者。換言之，香港的比率尚且不及她的百分之二十。[2]為何兩地的捐贈率差距如此鉅大？有人認為是這可能是不同器官捐贈機制導致的結果。現時香港採用自願捐贈（Opt-in）機制，即一個人須明確表示願意於死後捐出器官，才會成為捐贈者。西班牙則採用

---

1. International Registry in Organ Donation and Transplantation (IRODaT) (2017). *Deceased Organ Donor Evolution* (Hong Kong, 2016). [online] IRODat Wedpage. Available at: http://www.irodat.org/?p=database&c=_H#data. [Accessed 31 Aug 2017].

2. International Registry in Organ Donation and Transplantation (IRODaT) (2017). *Preliminary Numbers in Organ Donation and Transplantation in 2016.* [online] IRODat Wedpage. Available at: http://www.irodat.org/img/database/pdf/NEWSLETTER2017_frstedition.pdf. [Accessed 31 Aug 2017.]

預設默許制度，即假定如果一個人沒有明確拒絕捐出器官，他就會自動成為捐贈者。有研究曾經分析採用上述兩種機制的國家，發現推行預設默許的地方會有較多的器官移植個案。[3] 因此，為了增加器官的供應，香港特區政府表明考慮推行預設默許政策。2017 年 3 月，時任食物及衞生局局長的高永文表示當局正在研究是否採用「比較嚴厲的方法」，例如要求市民表達不捐贈器官的意願，以增加器官捐贈者的數目。[4] 其後，食物及衞生局於 2017 年 6 月 14 日發表一份題為《有關器官捐贈及移植的背景資料》的文件，當中亦有提及預設默許機制。[5] 不過，我們要留意的是，上述提到的研究之結論並不全面，正如 Shepherd 等人所言：「實行預設默許機制會增加遺體捐贈比率，這種說法可能過於簡單」。[6] 假如香港真的改用預設默許制度，是否能夠達到預期目的，提高器官捐贈比率？經

3. Shepherd, L., O'Carroll, RE. and Ferguson, E. (2014). "An international comparison of deceased and living organ donation/transplant rates in opt-in and opt-out systems: A panel study". *BMC Medicine,* 12, p. 131.

4. RTHK (2017). 高永文表示對下屆是否留任未有最終決定. *RTHK News Homepage*. Available at: http://news.rthk.hk/rthk/ch/component/k2/1320026-20170319.htm?spTabChangeable=0 [Accessed 10 Jan 2018]; Hong Kong's Information Services Department (2017). Opt-out organ donation being considered. News.gov.hk. Available at: http://www.news.gov.hk/en/categories/health/html/2017/03/20170319_142740.shtml [Accessed 31 Aug 2017].

5. Food and Health Bureau (2017). *Background Information on Organ Donation and Transplant* (《有關器官捐贈及移植的背景資料》). Available at: http://www.fhb.gov.hk/download/press_and_publications/otherinfo/170600_organ_donation_transplant/c_background_paper_organ_donation_transplant.pdf [Accessed 31 Aug 2017].

6. 同上。

過仔細考慮各種因素，筆者認為香港即使改用預設默
許，也難以提高器官捐贈率，現述理由如下。

預設默許：提高捐贈率的萬靈丹？

　　首先，我們要承認預設默許可能有助消除人們
的意願（Intention）及行為（Behavior）的差異。[7]
有些政策或措施立意雖善，但需參與者主動申請（例
如填寫表格）；有些人縱使願意參與，卻不願多花工
夫或時間申請，結果導致意願與行為的落差；有一些
人有參與的意願，但實際上卻沒有參與。因此，預設
默許可說是予人方便，讓人們不須作出任何行動，即
可成為器官捐贈者。既然如此，筆者為何仍然認為預
設默許無助提高香港的器官捐贈率？其實捐贈率的多
寡是受到各種因素影響，也就是說，單單推行預設默
許可能難以增加捐贈率。以西班牙為例，當地政府早
於 1979 年已經立法通過預設默許，但其後十年的捐
贈率並無增加。該國成功的關鍵，反而是自 1989 年
起進行的體制改革，如實行若干鼓勵措施（Incentive
measures），改善器官捐贈網絡的運作及協助醫院統

7.　Johnson, EJ. and Goldstein, D. (2003). "Medicine. Do defaults save lives?". *Science*, 302,
　　pp. 1338–1339.

籌員的工作。[8] 這個例子充分說明要增加器官捐贈率，不能單靠預設默許機制，而是需要配合其他相關的措施才有望成功。

其次，僅是立法通過預設默許，並不足以改善本港器官捐贈的情況。香港衞生署於 2008 年設立中央器官捐贈登記名冊（下稱「器官捐贈名冊」），目的是記錄捐贈者的意願。有意於死後捐出器官的市民可以在網上登記，也可將填妥的表格郵寄或傳真至衞生署。該名冊亦會供醫院管理局的器官捐贈聯絡主任使用，方便他們在病人離世後，跟其家屬商討能否獲得死者器官作移植之用。[9] 現時醫院管理局只有九名器官捐贈聯絡主任，他們需要負責局方轄下 7 個聯網、合共 41 家公立醫院的器官捐贈事宜[10]，可想而知，他們的職務十分繁重。在這種人手緊絀的情況下，器官捐贈的統籌工作也因而缺乏效率。[11] 借鑒上述西班牙的經驗，預設默許機制之所以成功，實在得力於改革醫療

---

8. Fabre, J. (2014). "Presumed consent for organ donation: a clinically unnecessary and corrupting influence in medicine and politics". *Clinical Medicine (London)*, 14, pp. 567–571.

9. The Government of the Hong Kong Special Administrative Region (2017). *LCQ5: Organ donation.* [online] Available at: http://www.info.gov.hk/gia/general/201705/10/P2017051000462.htm [Accessed 31 Aug 2017].

10. Research Office Legislative Council Secretariat (2016). "Organ donation in Hong Kong". *Research Brief*, 5. Hong Kong: Legislative Council Secretariat. Available at: http://www.legco.gov.hk/researchpublications/english/1516rb05-organ-donation-in-hongkong-20160714-e.pdf [Accessed 31 Aug 2017].

11. 香港集思會 (2015)。《香港遺體器官捐贈初探》。香港：香港集思會。

體制及推行鼓勵措施。換句話說，如果香港只是以預設默許取代自願捐贈，而不增撥資源及改革現有的體制，器官捐贈的情況似乎難有甚麼改變。

預設默許的道德爭議

從倫理學角度來說，預設默許機制可能會違反一些重要的道德價值，例如個人偏好（Preference）或自主權（Autonomy）[12]，因此它或會引致社會爭議。我們要注意的是，現時有些國家（如西班牙）的確選用了預設默許機制，但實際執行上多數採取較為「軟性」的方式，也就是說，即使死者生前沒有正式反對捐出器官，其家屬也可以否決捐贈的要求。上述安排可能反映了個人的自主權應當受到尊重，就如 Nuffield Council on Bioethics 指出，由於個人意願是十分重要的價值，因此不應考慮任何以「硬性」方式執行的預設默許機制。所謂「硬性」方式，是指除非死者生前曾經明確反對捐出器官，否則無論其家屬的意願為何，也不能阻止政府取下死者的器官作移植用途。「硬性」方式之所以不可取，是「因為不可能保

---

12. Glasson, J., Plows, CW., Tenery RM. et al. (1994). "Strategies for cadaveric organ procurement. Mandated choice and presumed consent". *The Journal of the American Medical Association*; 272(10), pp. 809–12; MacKay, D. (2015). "Opt-out and consent". *Journal of Medical Ethics*, 41, pp. 832–5.

證每人皆擁有足夠的資訊，讓他們可以在生命中的任何時刻選擇退出（預設默許機制）」。[13] 由此可見，即使是較為崇尚個人主義的西方社會，也認為這種「硬性」的預設默許機制是不道德的。如果說一個人的行為是自主的（Autonomous），則表示這個行為必須是個人的意願；而這意願又必須建基在足夠和全面的資訊，不能涉及欺瞞，也不可受到偏頗片面的信息所誤導。然而，我們又怎可以要求每一個人都能夠充分地了解情況，繼而選擇退出「硬性」的預設默許機制呢？[14] 這也許解釋了為何許多國家傾向採用「軟性」的預設默許機制，讓較為了解死者想法的家庭成員參與，並由他們解釋他的個人意願，從而確保其自主權獲得充分的尊重。

第四，我們需要考慮公信力（Public trust）的問題。政府如要推行預設默許機制，應該得到大多數的市民支持，而且他們的意願也應與預設的選項一致（即大多數市民願意捐贈器官）。然而，根據統計處於 2017 年 12 月 14 日發表的《主題性住戶統計調查第 63 號報告書》，約 10,100 名介乎 18 至 64 歲的受訪市民當中，只有約三分之一（33.8%）支持香港推行預設默許，與不支持的百分比（35.9%）相約，

13. Nuffield Council on Bioethics (2011). *Human Bodies: Donation for Medicine and Research.* London: Nuffield Council on Bioethics.
14. 同上。

其餘三成市民則表示中立或沒有意見。調查亦有問及
市民離世後捐出器官的意願，願意捐贈的只有大約三
成，更有超過一半受訪市民未作決定、未作考慮及拒
絕回答有關器官捐贈的問題。[15] 上述結果反映香港社會
對於是否推行預設默許暫時未有共識，亦有近半市民
對於是否願意捐出器官未有明確的立場，因此我們認
為香港目前不宜推行預設默許機制。而且，我們不應
因為超過總數一半的受訪市民既未有明確立場，也沒
有明言「反對」，就當他們「願意」捐出器官。這是
一種極不尊重個人自主權的做法。此外，假如香港政
府在目前情況下推行「硬性」的預設默許機制，公眾
很可能會認為本應是協調器官捐贈安排的相關人士及
醫護人員，不過是為了「摘取」死者的器官，因而令
市民對香港醫療制度失去信心。

預設默許、個人自主權與家庭文化

最後，鑑於有研究顯示採用預設默許機制的國家
可以稍微提高器官捐贈率，同時降低家屬拒絕捐出死
者器官的比率，[16] 那麼香港應否改用「軟性」的預設

15. Census and Statistics Department (2017). *Thematic Household Survey Report No. 63*. Hong Kong: Census and Statistics Department, pp. 132–133.

16. Abadie, A. and Gay, S.(2004) "The impact of presumed consent legislation on cadaveric organ donation: A cross-country study". NBER Working Paper (Report no.: 10604). Cambridge, MA: National Bureau of Economic Research.

默許機制呢？我們認為這個方法作用不大。在香港，假如死者生前沒有明確表達有關器官捐贈的意願，習慣上多數會由直系親屬代為決定。因此，如果只是純粹改用「軟性」的預設默許機制，取代現時以家屬意願為依歸的自願捐贈模式，我們估計捐贈比率不會有很大的改變，因為就捐贈事宜作出最後決定的仍然是家屬。事實上，社會文化對預設默許機制及相關政策也會有實際的影響，新加坡的情況即屬一例：該國於 2008 年修改《人體器官移植法令》（*Human Organ Transplant Act, HOTA*），訂明病人如沒表達反對器官捐贈的意願，即等於同意死後捐出器官，而且這個意願必須得到尊重。[17] 話雖如此，由於受到家庭文化的影響，新加坡當局在取出死者器官時，仍會關顧家屬的意願。[18] 有國際研究亦發現，無論在預設默許還是自願捐贈機制之下，近親（Next-to-kin）在器官摘取（Organ procurement）過程中都擔當重要角色，具有巨大的影響力。[19] 因此，我們認為如果香港政府只是改用「軟性」的預設默許機制，卻沒有得到家屬支持，

17. Government of Singapore (2017). Factually: *What is HOTA all about?* [online]. Government of Singapore Webpage. Available at: https://www.gov.sg/factually/content/what-is-hota-all-about [Accessed 31 Aug 2017].

18. Food and Health Bureau, 2017.

19. Rosenblum, AM., Horvat, LD., Simino , LA., Prakash, V., Beitel, J. and Garg, AX. (2012). "The authority of next-of-kin in explicit and presumed consent systems for deceased organ donation: an analysis of 54 nations". *Nephrology Dialysis Transplantation*, 27, pp. 2533–2546.

恐怕難以改變本地器官捐贈比率偏低的情況。觀乎西班牙的經驗，其成功之道基本上在於實行體制改革與推行鼓勵措施，而非單純地改用預設默許機制。所以，要改變香港捐贈比率偏低的狀況，我們認為應當採取一個能夠兼顧效益及道德的進路，考慮如何改革現有的醫療體制及提供適當的鼓勵措施，以令個人及家屬都支持器官捐贈。

有人可能反駁：如果有一個人已經登記器官捐贈名冊，表明希望死後捐出器官，在他身故之後，家屬卻反對這個意願，這不就是違反了死者的自主權嗎？我們認為這個問題比較複雜，需要更仔細的分析，而不應只視之為「尊重個人自主」與「尊重家庭」兩種道德價值的矛盾。首先，「自主」不單是指一個人能夠訂立目標並將之付諸實行，同時也是一種自制的能力，不會因一時衝動而做出前後不一或自相矛盾的行為。有時，人們談論自己的想法，可能只是為了表明他們的偏好，同時也不介意家人修改甚或推翻他們曾經表達的意願。[20] 香港是一個受到儒家思想影響、重視家庭文化的社會，家屬通常會協助個人行使及實現他的自主權。以醫療為例，個人（病人）與

20. Chan, HM., Tse, MWD., Wong, KH, Lai, JC. and Chui, CK. (2015) "End-of life decision making in Hong Kong: The appeal of the shared decision making model". In: R. Fan, ed., *Family-oriented Informed Consent: East Asian and American Perspectives.* Switzerland: Springer; pp. 149–67.

家屬一同參與決策過程，廣為社會接受及讚許。讓近親參與決策，是一件很自然（Naturalness）也很實際（Usefulness）的事情，而個人的自主非但不會遭到違反，反而更可得到保障。[21] 相較之下，這種個人與家屬共同決策的方式，其實比只用器官捐贈名冊表達個人意願合理得多。現時器官捐贈名冊的登記表格非常簡單，收集到的資料也非常有限，而且不必列出相關詳情，因而難以證實申請人是否在知情的狀況下填寫表格，或申請是否真正有效。假如我們想改善現時的器官捐贈登記方式，確保每項申請皆是有效（即捐贈者是在知情的狀況下表達意願），又要排除家屬對個人意願的否決權，在實行上就會面對很多棘手的難題，例如醫護人員要向申請者講解，並回答他們的疑問，又要確保申請者理解自己的決定，以及確認在哪種情況和符合哪種死亡標準（關於「死亡」的定義，現時仍然存在爭議）才可將他們的器官捐出。我們可以想像，要貫徹地實踐以上的程序既需要大量額外的資源及時間，執行起來又是困難重重，那應如何是好？在這種情況下，有權推翻個人意願的家屬順理成章地充當保障（而非違反）個人自主的角色。為何這樣説呢？一般來説，考慮到家屬跟捐贈者的關係，他們應當比醫護人員或其他相關人士更能判斷應否採納捐贈

---

21. Fan, R., ed. (2015) *Family-oriented Informed Consent: East Asian and American Perspectives*. Switzerland: Springer.

者的意願：意願是否仍然有效？死者生前有否撤回（Withdraw）意願？意願與死者的人生觀是否一致？這亦可能解釋了為何香港法例會要求「死者家屬均必須簽署一份同意書，確認哪些器官或組織會被取去作移植用途。」[22]

縱觀世界其他國家或地區，其實已有不少個案，是使用預設默許以外的方法鼓勵人們捐贈器官。例如以色列、中國內地和台灣都修改法例，訂明在符合若干條件的情況下，捐贈者的家屬會得到器官移植的優先權。此舉不但表達了社會對器官捐贈者的尊重，其親屬能獲得優先移植器官的機會，從而獲益。[23] 在倫理角度而言，這種鼓勵措施符合中國家庭文化傳統，因此值得我們研究甚至採用，以改善香港的器官捐贈情況。強制抉擇（Mandated choice）是另一種可以考慮的方法。在美國一些州份，駕駛者更換駕駛執照時，要先在表格上打勾，表達有關器官捐贈的意願，否則續期申請將不受理。香港政府也可參考類似的做法，例如在市民更換身分證或更新駕駛執照時，需要表明他們是否願意死後捐出器官。此外，為了方便溝通、

22. Hong Kong Legislative Council (2016). *Organ Donation* (LC Paper No.: CB(2)836/15-16(08)). Available at: http://www.legco.gov.hk/yr15-16/english/panels/hs/papers/hs20160418cb2-836-8-e.pdf [Accessed 31 Aug 2017].

23. Ministry of Health and Welfare, Republic of China (Taiwan) (2015). *The Ministry of Health and Welfare (MOHW) Invites Public to Improve Organ Donation System* [online]. Available at: https://www.mohw.gov.tw/cp-117-305-2.html [Accessed 31 Aug 2017].

尊重個人及家屬共同的決策權及避免衝突，市民還應該說明他們的意願是否為家屬了解及接受，從而減低家人稍後拒絕的機會。

　　基於上文提及的各種因素，為了增加器官捐贈比率，我們認為香港目前應該研究既合乎道德，亦有效推動個人及家屬捐贈器官的鼓勵措施，而非採用預設默許機制。

第十一章
醫療失誤與病人安全

黃大偉

急症科專科醫生、香港大學醫學院榮譽臨床副教授

引言

本文首先討論甚麼是醫療失誤，並提出防止及處理醫療事故時所面對的倫理問題，例如「隱瞞失誤是否合乎道德？」、「應否報告他人的失誤？」及「怎樣追究醫療失誤才算合乎公義？」等等。最後，本章會嘗試了解醫療失誤與醫療制度可持續發展的關係。

打開本地報章，不時可以看到有關醫療失誤的新聞，部分是苦主向傳媒投訴，也有醫管局的定期公告。大家也許會問：醫療失誤究竟有多嚴重？

2000 年，美國國家醫學研究院（Institute of Medicine）出版的報告書（*To Err is Human*）估計，全美國每年死於醫療失誤的人數介乎 44,000 與 98,000 之間，比死於交通意外的人還要多。[1] 約翰・霍金斯大學研究員 2016 年發表的研究估計，全美死於醫療失誤的病人每年平均高達 251,454 人，高踞十大殺手榜的第三名。[2] 當然，研究得出的數字只是估算，不無爭議之處。不過，綜合不同研究的結果，大致都指出醫療失誤相當普遍。

---

1. Institute of Medicine (US) Committee on Quality of Health Care in America (2000). *To Err is Human: Building a Safer Health System*. Washington, DC: National Academies Press (US).

2. Makary, MA. And Daniel, M. (2016) "Medical error—the third leading cause of death in the US". *BMJ,* 353, pp. i2139.

香港雖然沒有相類似的估算，但我們仍可從醫管局公佈的年報了解一二。醫管局 2015-16 年的「醫療風險警示事件及重要風險事件年報」揭示，該年度有 32 宗風險警示事件，有 18 名病人死亡，其中 12 宗是病人自殺。重要風險事件上報 86 宗，其中 73 宗為給藥錯誤，13 宗為誤認病人。縱觀 2007 年至 2016 年的數字，風險警示事件的發生率大約在每百萬人 1.4 至 2.7 之間，頭三位成因是病人自殺、體內遺留儀器/物料和錯認病人/部位。[3]

近十多年來，醫療界對醫療失誤的研究，引來對風險管理的重視和病人安全文化的倡導，而兩者實為一體的二面。

什麼是醫療失誤？

病治不好或出現併發症，是否就是醫療失誤？有些人喜歡以航空業類比醫療行為，乘客買票從 A 地飛去 B 地，航機總得要把客人送到目的地。可是治病卻沒有這樣簡單，例如手術切除癌瘤，也很難保證完全切除，不會復發。

---

3. Hospital Authority (2017). *Annual Report on Sentinel and Serious Untoward Events October 2015–September 2016*. Hong Kong: Hospital Authority.

醫療失誤的傳統定義都以結果為主，例如，一個醫療行為導致可避免的不良後果。左右不分導致割錯器官就是一個顯例。行為也可以包括不作為，例如錯過及早診斷的機會，造成對病人的損害。但只問結果，會忽視了未造成損害的失誤。病人差點誤服了藥物，雖未造成損害，但也是一種失誤。因此，有意見認為過程和結果，從風險管理角度看同樣重要。同時，實際造成惡果和可能造成損害，都應該受到重視。

廣義來說，醫療失誤可指診治病人的方案，在計劃或執行中的行為或不作為，導致或可能導致的意外後果。這個定義已包括了過程和結果，也兼顧了個人以外的系統因素。

醫療失誤？非戰之罪？

病人服了正確的藥物，出現過敏反應，若無已知的過敏病史，廣義來說屬醫療失誤，但一般卻認為是非戰之罪，因為不良後果是無法可預測和避免。

是否無法可避免，也常會引起爭議。病人割除癌瘤後癌症日後復發，這是誰之過？認定是醫療失誤

的人會認為是因為手術不徹底，或手術後化療用藥不當等。反駁的人也可指出，這只是癌病的自然病理演化，實非戰之罪。又例如手術後出現併發症，究竟是已知風險，還是手術操作不當，也會引起爭議。

醫療失誤與醫學倫理

醫療失誤的處理，是一個頗複雜的問題，不同的持分者自然有不同的角度和側重。

醫院（特別是公立醫院），作為龐大醫療體系的一部分，會着眼於風險管理，希望能找出失誤的根本成因，並作出補救。醫院作為僱主，當然也要面對有關的法律問題，例如賠償和死因法庭研訊等。

病人和家屬作為受害人，自然要求討回公道。所謂公道，除了賠償之外，也意味要找出失誤的真正原因，以及必須負責的人員。

對於涉事的醫療人員，除了民事索償訴訟外，還要可能面對專業委員會的研訊，面對的壓力也是不小的。

從醫學倫理的角度看，重點是坦承錯誤，向病人披露事實並真誠致歉。

披露失誤與善意的謊言

向病人和家屬坦承失誤，作出披露，是應有之義，其基礎在於病人有知情權，而醫生有告知真相的義務。當然，病人也有權要求醫生不要告知真相。

醫生可以隱瞞真相嗎？在傳統的醫生行為守則，起碼在 20 世紀之前，善意的謊言是可以接受的，前提是想避免病人受到驚嚇和對醫生或治療失去信心。從前，不具療效的安慰劑也是允許的。不過，這種比較家長式的看法，在今天的社會基本上已無立足點。特別是有關醫療失誤，很難想像病人或家屬會主動要求醫生不作披露，或披露會帶來病人更大的損害。

英國醫學總會（General Medical Council）和護士和助產士委員會（Nursing and Midwifery Council）對會員的行為守則，也明確指出當發生失誤時，醫護人員有對病人坦白相告的義務。[4] 而反觀香港，香港醫務委員會的專業守則小冊子中，則沒有類似的有關向病人披露醫療失誤的具體指引。

---

4. General Medical Council and Nursing and Midwifery Council (2015). "The Professional Duty of Candour". Available at: https://www.gmc-uk.org/-/media/documents/openness-and-honesty-when-things-go-wrong--the-professional-duty-of-cand____pdf-61540594. pdf [Accessed at 22 Apr 2018]

披露失誤的正面意義

　　醫療失誤造成病人損害，本身已違「不造成傷害」（Do no harm）的原則。儘快向病人和家屬全面披露失誤的資訊，能幫助病人在知情下決定醫療上的補救措施，這也符合尊重病人自主性（Autonomy）的原則。若病人或家屬提出索償，也屬他們應有的權利，讓正義能得致伸張。

　　從有關的醫護人員角度看，坦承錯誤也是有益的。首先，心理壓力能得到紓緩，隱瞞錯誤反而會良心受責。真誠的道歉，甚或會減少被告上法庭的風險。誠實面對錯誤，更能獲得病人和社會的信任，有助進一步排難解紛。對整個醫療體系來說，披露失誤是研究改善方法的第一步，不承認失誤，又何以作出改善呢？

披露失誤的障礙

　　多年前美國曾有一研究發現，在受訪的 114 名住院醫生中，九成有涉及醫療失誤，但只有 24% 的人曾向病人或家屬披露失誤。[5]

---

5. Wu, AW., Folkman, S., McPhee, SJ. and Lo, B. (1991). "Do house officers learn from their mistakes?". *JAMA*, 265(16), pp. 2089–2094.

醫護人員不告知病人有關失誤，很多時是恐怕引起法律訴訟，或受到上級或院方懲處。醫學界的傳統文化，讓犯錯的人覺得失誤是個人的失敗，而產生罪咎、無能和羞愧等負面情緒，也會造成醫生的心理障礙，不敢坦誠面對錯誤，向病人和家屬致歉。要掃除障礙，便要改變舊的文化，認識到醫療失誤並非只是個人能力問題，醫療系統的缺失有時更重要。因此，要改變找代罪羔羊的文化，變成注重病人安全的文化。

醫療機構不願向病人披露失誤並作出道歉，很多時也是害怕要承擔法律責任。2017 年立法會通過了《道歉條例》，指明道歉並不代表承認過失或責任。[6] 新設的法例希望能減低醫療機構或人員，向病人道歉的顧慮。

披露失誤的灰色地帶

嚴重的失誤可能造成傷亡，明顯需要披露，而事實上也很難瞞天過海。但是否所有失誤，無論大小輕重，都應該作出披露，卻是有不同的意見。

---

6. *Apology Ordinance, Cap 631*, Laws of Hong Kong, 2017.

若採用較寬的定義，就算是可能造成傷害的情況，都屬失誤，那麼範圍其實可能是很廣的。例如醫生為甲病人開藥，卻寫在乙病人的病歷上，馬上被護士發現，因此未送到藥房配藥，病人自然也不會受到影響，這種情況是為險失（Near miss）。醫院會鼓勵員工上報，讓大家從險失的個案學習，進一步加強對病人安全的保障。這類險失，不影響病人日後的治療，有意見認為毋須向病人披露。前述英國醫務委員會有關對病人坦白義務的指引，也只是説應該酌情處理。

　　不過若病人確實受到影響，只是無造成傷害，處理就可能不一樣了。例如上述開錯藥的例子，若乙病人的確服了甲病人的藥，就算只是一片維生素 C，不會對身體造成傷害，為了尊重病人的知情權，主流意見認為應該向病人披露。

　　有時候，失誤與臨床結果未必有明顯的關係，是否應該披露也會有爭議。例如在急救病人時，很多醫療操作會同時進行，因為種種原因未必都能順暢，例如氣管插管可能要嘗試二次，用藥的時間可能差了一分鐘。最後病人救不回來，可能是病情太嚴重，未必與救治的醫療操作有關。不同專科都有病例討論會，大家可在會上對臨床處理作出批評和建議，為了令大家能暢所欲言，一般討論都是匿名，對事不對人。

他人的失誤 —— 告知？告密？

在醫院工作，有時會遇到其他同事的一些失誤，如何處理，也頗費思量。下屬犯錯，上司當然有責任查明真相，若果病人有受到傷害，上司通常會向家人說明並致歉。但下屬發現上司犯錯，由於身分和地位懸殊，較難主動插手，充其量只可向院方報備。

不同團隊的失誤該如何處理？例如，醫生發覺護士派錯藥，或護士發現醫生開錯處方，內部固然需要溝通，最後一般由主診的醫生告知病人和家屬，代表團隊作出道歉。不過，有時候團隊之間未必能達成共識，例如服藥後產生過敏反應，究竟是醫生，護士或電子病歷出錯，責任如何分擔，也可能引起爭議。

還有一種情況，也會令人頭痛。醫院收治的病人，有些可能曾經其他公立醫院診治，若發覺可能有失誤，誰應該向病人披露？兩個團隊自己溝通後能達成共識，情況比較好處理，否則醫管局總部便有責任協調，決定誰應告知病人。

若涉嫌犯錯的醫護人員不屬同一機構，例如私人執業或私院的醫生，情況會比較複雜。傳統的醫生守則，說同行壞話屬不當行為，這主要是防止醫生間的惡性競爭。不輕易批評同行，令市民產生「醫醫相衞」的印象。此外，資料不全也令接手的醫生難以確

定上手是否有失誤。俗語有云：「行運醫生醫病尾」，上手醫生未能正確診斷，未必是失誤。就算真的有失誤，例如錯誤判讀心電圖或 X 光，接手的醫生仍要考慮不同方案，例如通知上手醫生，由他向病人披露。若對方不承認、不合作，又該如何？若果失誤的情節嚴重，則反映醫生能力低劣，也可向醫務委員會舉報。

討回公道

醫療失誤造成傷亡，苦主除了要知道真相，要求道歉賠償，還會要求懲罰涉事的醫護人員。上文已討論了披露失誤與真誠道歉的重要性，至於賠償，目前亦已有機制。無論醫院或醫生都會購買專業責任保險，醫療失誤造成的損害可以透過保險賠償，若無法協調也可以訴諸法庭，尋求民事索償。

追究醫護人員的個人責任，也可透過各專業團體的紀律委員會，至於失誤是否判定為專業失德，就要看具體的情況。香港醫務委員會給醫生的專業守則指出：「專業上的失當行為」除涵蓋不誠實或不道德的卑劣行為外，還包括一切未達同業判斷應有操守標準的錯漏所導致的行為。[7]不過投訴程序需時頗久，亦有所謂「醫醫相衛」的批評。

---

7. Medical Council of Hong Kong. Code of Professional Conduct 2016

從醫學倫理的角度看，這是屬於「公義」（Justice）的範疇。懲罰性公義（Retributive justice）的理論認為，惡行應受到懲罰，但懲罰應與惡行程度成正比，且要一視同仁。很多地方對刑事罪行的處理，也是採用這種方法。不過，醫療失誤與刑事罪行並不能類比，刑事罪行其中一個因素是犯罪意圖。醫療失誤，一般並不是故意犯錯。醫護人員整個訓練的核心價值，就是救死扶傷。「先不要傷害」（First do no harm）這句座右銘，醫護人員都會銘記於心。事實上，一些研究者認為，犯錯的人受到的心理煎熬也不少，所以有「第二受害人」（Second victim）的說法。[8]

由個人承擔所有責任，是否合乎比例也有可論之處。假如一位醫生延誤了胃癌或大腸癌的診斷，除了臨床判斷有誤外，制度上的延誤也是常見的。香港的公立醫院，專科新症的輪候頗長，加上要排期進行檢查（如內窺鏡等），令延誤長上加長。其他制度上的因素，如人手不足、工作過勞和環境擠迫等等，都可以是造成失誤的原因。

---

8. Wu, AW (2000) "Medical error: the second victim". *BMJ*, 320(7237), pp. 726–7.

病人安全和公道文化（Just culture）

醫療失誤與病人安全是一個銀幣的二面。自前述美國國家醫學研究院的報告書（*To Err is Human*）在2000年發表之後，處理醫療失誤的焦點從「誰人」犯錯，慢慢轉移到「制度」的缺失。錯誤當然有人為的因素，但更多時是因為制度不善和系統的弱點，至令失誤不能避免。

從功利主義角度看，懲罰個人是否利多於弊？從苦主的角度看，有人受罰，可說是公義得到伸張。但懲罰會否帶來更安全的醫療環境？醫療文化若以「責備和羞辱」（Blame and shame）為主，醫護人員只會傾向隱瞞過錯。長遠來説，對減少醫療失誤，創造注重病人安全的文化，顯然不利。航空業的先例可見，不尚責難，鼓勵呈報失誤的文化，大大有利於改進飛行安全。所以，從全盤出發，功利主義理論會認為對事不對人的政策，更能促進大眾的福祉。

病人安全近年頗受重視，公立醫院都設有「質素與安全部門」，亦會定期匯報有關的數據。除了技術層面的改進，改變機構文化也是重要的一環。有論者倡議「公道文化」（Just culture）的概念，提出系統/制度失誤不應由員工背黑鍋，員工指出系統或人員的

錯誤，應受到鼓勵，做成維護「病人安全人人有責」的文化。[9] 當然，將重點轉移到改善醫療系統上的缺憾，並不表示員工就毋須為失誤負責。若果失誤是因為個人行為魯莽或明知故犯，當然要負上個人責任，因為這樣才公道。

結語──零風險的醫療服務與可持續發展

醫療失誤是否有一天會完全消失？空難和核電意外在重視安全操作意識的環境之下，確實是愈來愈少見。但醫療行為更複雜，因為無論是病人或醫護人員，都難免於人為錯誤。認知心理學的研究也指出，人的思維模式並不完善，有時難免會誤判。也許有一天，人工智能的發展可以部分取代人類的不足，但在可見的將來卻很難達致零風險。

當然，就算醫療風險未必能歸零，但我們總希望能盡量減少醫療失誤。不過，改善制度或改變醫護人員的工作模式，都涉及資源的投入。在醫療資源有限的情況下，怎樣分配資源也存在一個分配效益和可持續發展的議題。

---

9. Dauterive, FR. and Schubert, A. (2013). "Ethics, Quality, Safety, and a Just Culture: The Link Is Evident." *The Ochsner Journal*, 13(3), pp. 293–294.

在航空業界，飛機可以因人手不足或人員睡眠時間不夠而暫停飛行，以符合安全要求。若果急症室人手不足或病人太多，是否可以暫時關閉？基於安全考量，這也許是好事，但一般市民又可以到那裏求助呢？病人安全與服務可否持續，需要找到一個平衡。

不過，長遠來看，對於預防失誤造成的傷害，投資應該會有很好的回報。醫療失誤除了增加治療的費用外，受害人不能工作的經濟損失等，亦不是小數目。根據經濟合作暨發展組織（Organization for Economic Co-operation and Development, OECD）的一個研究估算，15% 的醫院開支是用於補救失誤帶來的額外治療。OECD 的專家認為在有限資源之下，應選取成本低效值高的策略。傳統的研究一般聚焦醫院，但一個全面的策略應包括基層醫療與長期照護，而改善措施應涵蓋三個層面：整個醫療系統、醫療機構和臨床處理。[10]

創造積極面對醫療失誤的安全文化，坦白告知，真誠道歉，努力改善不足，不但合乎醫學倫理，亦是讓醫療服務得以可持續發展的做法。

---

10. Slawomirski, L., Auraaen, A. and Klazinga, N. (2017). *The Economics of Patient Safety*. Paris: Heath Division, OECD.

第十二章
專業自主權與
公眾利益

羅德慧
香港中文大學醫學院
中西醫結合醫學研究所客席副教授

前言

　　一個健全的醫療制度能夠提供具有質素的服務和保障公眾利益。醫護人員是「專業人士」，有維護生命健康的崇高目標，責任重大，社會對他們的期望較高。如有犯錯，社會上的批評也較為嚴格。有時「專業人士」犯錯不只是「錯誤」，更可被評為「專業失德」。若出了事，一般都避免對相關人員過於嚴厲而出現不公平，因為專業行為受到所屬專業的規範，才體現了專業自主的精神。另一方面，亦有人擔心專業團體缺乏公眾參與，容易造成「醫醫相衛」而不能全面照顧大眾的利益。本文將會探究何謂「專業人士」，並探討有關專業自主與公眾利益的倫理問題。

專業自主權的定義

　　職業自主權（Professional autonomy）一詞，可以追溯到世界醫學協會（The World Medical Association, WMA）1987 年 10 月的《關於專業自治和自律的馬德里宣言》。[1] WMA 是一個獨立的國際性醫學平台，成立於第二次世界大戰後的 1947 年 9

---

1. WMA (1987). *WMA Declaration of Madrid on Professional Autonomy and Self-Regulation.* [online] Available at: https://www.wma.net/policies-post/wma-declaration-of-madrid-on-professional-autonomy-and-self-regulation/

月，是繼聯合國後各界關注人類戰爭所能產生的惡行與悲痛而設立的保護機制之一。雖然它不是國家組織，但會員包括來自超過 100 個國家，數目超過一千萬名醫生。WMA 較為有名的宣言是《日內瓦宣言》[2]及《赫爾辛基宣言》[3]。前者是醫生畢業時的宣誓誓詞，後者是圍繞醫學或科學研究運用人體實驗所必須符合的原則，是目前醫學界普遍遵循的一個重要的醫學倫理學宣言。

第一版的《馬德里宣言》於 1987 年獲得通過，現已廢除，取而代之是 2009 年 10 月通過的《馬德里關於專業領導的規則的聲明》（《2009 宣言》）。醫生的立場是顯而易見的：

1. 醫生被社會授予高度的專業自主權和臨床獨立性，據此，他們能夠根據病人的最佳利益提出建議，而不受不適當的外來影響。

2. 作為職業自主權和臨床獨立權的必然結果，醫學界有自我規管的責任。最終控

---

2. WMA (2017). *Declaration of Geneva (version 2017)*. [online] Available at:: https://www.wma.net/what-we-do/medical-ethics/declaration-of-geneva/

3. WMA (2013). *WMA Declaration of Helsinki - Ethical Principles for Medical Research Involving Human Subjects (version 2013)*.[online]Available at: https://www.wma.net/policies-post/wma-declaration-of-helsinki-ethical-principles-for-medical-research-involving-human-subjects/

制和決策權必須由醫生根據其具體的醫
療培訓、知識、經驗和專長來決定。[4]

另一方面，《2009 宣言》亦承認專業的規管和自
律，絕不能是自我服務，應以獲得廣大市民的支援和
維護業界的榮譽。

　　8. 每個國家的醫療行業都必須有一個有效
　　　　和負責任的專業領導制度，不自利或內
　　　　部保護該行業，而且這一制度必須公
　　　　平、合理和充分透明。各個國家的醫療
　　　　協會應協助其成員明白，自律制度不僅
　　　　不能被視為是對醫生的保護，必須維護
　　　　公眾的安全、支持和信心，亦要維護行
　　　　業本身的尊嚴。[5]

　　「專業自主權」（Professional autonomy）通常
與「自律」（Self-regulation）相題並論。日本專家
Tezuka 曾經分析「自主權」（Autonomy）在英語和日
語 jiritsu 都可追溯到西方的康德哲學。[6]「專業自主權」
與「自律」有不同的中文翻譯，內涵也有其異同。

---

4. WMA (2009). *WMA Declaration of Madrid on Professionally-led Regulation.* [online]
Available at: https://www.wma.net/policies-post/wma-declaration-of-madrid-on-
professionally-led-regulation/（本文所有中文翻譯，均為非正式的翻譯文本。）

5. 同上。

6. Tezuka, K. (2014). "Physicians and Professional Autonomy". *Japan Medical Association
Journal*, 57 (3), pp. 154–158. Tezuka 為日本醫學協會 (Japan Medical Association) 法
律顧問。

筆者嘗試提出一些「專業」的共同特徵：

1. 具備專業知識、技能和高級別的訓練；

2. 該行業有進入障礙，即必須通過培訓、考試和登記；

3. 該行業有官方認可的資格和特權（例如牌照）；

4. 大家同意接受若干行為和道德的最低標準，包括誠信責任；[7]

5. 由行業組織管理。

　　美國學者韋德（Wade）在 1960 年代對「專業人士」及他們的公共責任有類似的看法。他認為博學的專業（The learned professions）的概念可追溯到中世紀，那些專業是由一些莊嚴而共同的職業所界定，這些共同的特徵可以總結為：

1. 培訓和國家許可；

2. 加入並服從既定組織、協會和公會（Guild）；

3. 用奉獻精神提供公共服務。[8]

---

7. 誠信職責（Fiduciary duties），包括以勤奮、保密義務、避免利益衝突、避免秘密受益，以受益人的利益優先的義務，以及行事必須小心與符合技術要求等。

8. Wade, JW. (1960). "Public Responsibilities of the Learned Professions". *Louisiana Law Review*, 21(1), pp. 130–139.

韋德更引用美國哈佛大學法學院前院長羅斯科・龐德（Roscoe Pound）的話：「一個專業團體是一群追求博學藝術，並具有奉獻精神做公共服務的男人」[9]。到了現代，當然也包括女人。韋德這樣說：

　　……（就第二個特徵，）律師、醫生，甚至教師通過他們的協會建立了道德守則，這些守則是通過教訓和榜樣傳揚下去，並由一個有組織的專業的紀律系統確保有效執行。這些協會在某種程度上實行保護主義。但這應該是一個次要目標。這些組織的存在主要目的是促進醫學、公義或教育，而不是為個別成員的利益，這與工會的情況不同。第三個特徵是這個專業組織的成員均憑着一股公共服務的精神獻身工作。他們通過專業獲得生計不是主要的結果。因此，一個專業人士提供服務時，無論他們是否得到報酬，他們都應給予同樣的勤奮和服務品質。律師或醫生不會就他們的發明申請專利或濫用其專利知識把好處據為己有，他們會告知同行甚至公諸於世，以便造福人群。他們實行的醫學和法律是預防性的。他們不做宣

---

9. 同上，p. 131。"A profession is a group of men pursuing a learned art... in the spirit of a public service."

傳廣告或為爭奪客戶而競爭。他們不會為擴大
服務對象而創造需求，這與商人的手法不同。[10]

　　事實上，專業傳統的構建與傳承，往往是靠從
專業團體頒佈不同的技術規範（Protocols）及道德規
範（Ethics）而起：首先是要求會員嚴格遵守團體的
規範、或者限制及蔑視一些追求或從事商業性質及行
為的會員，減少甚至禁止個別會員假借專業之名宣傳
自己、賣廣告、非法搶客、侮辱同行或者惡性競爭。
他們反而會以組織形式在社會上建立該專業團體的形
象，發起要以奉獻精神關注公共利益，而不只為追逐
利潤。那些加入組織的專業人士，又為什麼願意服從
呢？因為成為專業團體的成員是一件光榮的事情，而
且有資格進入專業等級必須滿足相應的學習與培訓要
求及/或取得官方執照，來得不易，每個成員都珍惜
他們的位置。這就是「專業自主權」的起源與內涵。

　　在香港，香港醫務委員會的《香港註冊醫生專業
守則》適用於醫生的行為規範。[11] 如果已了解專業的特
徵再翻看守則的內容，就不難發現這守則涵蓋了以上
特徵。我們也會更明白，為什麼專業團體對宣傳、保

---

10. 同上，p. 130–131。
11. 香港醫務委員會（2016）。《香港註冊醫生專業守則》2016 年 1 月修訂本。香
　　港：香港醫務委員會。取自：https://www.mchk.org.hk/english/code/files/Code_of_
　　Professional_Conduct_2016_c.pdf。

密責任等概念比一般人更加堅持，對會員的限制也相應地嚴厲。

既然這種傳統如此強烈，當受到干擾與挑戰時，集團成員可能會激烈地保護它。由於個別專業的傳統正是專業人士的身分認同感，專業集團中人對「自主」的重視可能是本能反應，這不一定出於自己的實際利益，而是與自己更深層的感受有關，因而不歡迎任何改變也不足為奇。當然也有很多經濟利益的因素。

我們或者也聽聞及觀察到類似的情緒反應，例如政府希望對某些行業進行改革，經常遇到反抗，幾乎沒有是專業團體歡迎外來人士參與管理他們。我們了解到「專業自主權」的歷史發展，就能理解專業團體為何總是堅守專業自主權和自律機制，祇是在不同的行業有不同程度的反抗而已。尋根究底，我們發覺相當多的現代專業團體都重視和保存了韋德所描述的特質，具備這些專業內涵，或者可以說是「專業特徵」（Professional attributes）。這些傳統與專業特徵是實行自我規管機制的必要前提和基礎。

當我們能理解專業團體為何總是堅守專業自主權和自律機制，也同時相信該自律機制也必須要符合公眾利益。

專業自主權的無處不在？

經 WMA 推動後，「專業自主權」在國際層面得到了更大的關注，而且這個術語甚至在 2006 年被描述為「無處不在」。[12]

鑑於專業團體有特權地位，韋德還將其與他人的關係視為監管的一個重要方面：

> 在處理一名專業人士的公共責任時，我認為我們可以考慮他與客人、專業夥伴以及公眾的關係。[13]

在香港，實行「專業自主權」與「自律」的專業團體都是有法律基礎的。單是衞生界的專業團體已起碼有 13 個：藥劑師（Cap. 138）、牙醫（Cap. 156）、醫生（Cap. 161）、接生員（Cap. 162）、護士（Cap. 164）、實驗室技術員（Cap. 359A）、職業治療師（Cap. 359B）、驗光師（Cap. 359F）、放射員（Cap. 359H）、物理治療師（Cap. 359J）、脊醫（Cap. 428）及中醫師（Cap. 549）等等。

---

12. Hashimoto, N. (2006). "Professional Autonomy". *Japan Medical Association Journal*, 49 (3), pp. 125–127. The author is a member of the Japanese Medical Association and the vice chairman of the World Medical Association Council at the time.

13. John W.Wade, *"Public Responsibilities of the Learned Professions"*, 21 La.L.Rev.(1960): https://digitalcommons.law.lsu.edu/lalrev/vol21/iss1/11

當一個團體漸漸具備若干的「專業特徵」、形成一個公認的群體，相關的從業員的能力提升，這個團體的自豪感增加了，會嚴格要求自己，嚴格要求同行，吸引新血並進行培訓，以奉獻精神關注公共利益而不只為追逐利潤，漸漸在市民眼中可以形成專業、高尚、博學和可以信賴的群體，到時候是否具備條件實行「自律」？

歷史證明，WMA 取得醫生間的共識，即任何的自治和自我規管制度必須確保公平、合理和透明地履行其職能，結合推廣工作，才能獲得公眾的理解和支持。

另一個學者佩里認為商業化是當前的挑戰。他通過醫生第一身的經驗分享，發現「商業化」是「專業生活中的重要和不確定的組成部分」。他描述醫生面臨財務抉擇時即面臨道德困境（Moral distress），因為他們往往會在「做好事」（Doing good）和「取好報酬」（Doing well）之間掙扎。在服務自己和服務他人之間亦有不少矛盾，其他專業也許面對相同的問題。若採用倫理學的術語，這便產生道德張力（Moral tension）。[14] 這種張力若沒法鬆弛，必定對當事人產生壓力，引致焦慮，對公眾也沒有好處。

---

14. The Ethical Costs of Commercializing the Professions: First-Person Narratives from the Legal and Medical Trenches, Joshua E. Perry, Penn Law: Legal Scholarship Repository, 2010 http://scholarship.law.upenn.edu/cgi/viewcontent.cgi?article=1093&context=jlasc

香港醫學界的自主性

香港的專業自主權受到《基本法》[15] 第 142 條的保障，每個專業團體都有相應的條例監管。根據《醫療註冊條例》[16]（Medical Registration Ordinance, MRO），香港醫務委員會（醫委會）獲賦予權力，處理醫生的註冊事宜、籌辦執業資格試、制訂專業守則及指引，以及就公眾作出的申訴，以既定機制對醫生進行紀律處分。[17]

醫生是三大古老專業之一。[18] 現代醫學的專業應該滿足到上文提到的專業特徵，也沒有太多人質疑醫學不是一個專業。我們可以從前文提到的《日內瓦宣言》中了解醫學的專業傳統。《日內瓦宣言》是 1948 年世界醫學會在希波克拉底誓言的基礎上制定的，曾多次修訂，最近一次在 2017 年。[19]

專業自主權受到醫委會的重視，這從主席的歡迎辭中看到這一點。主席闡述了三項主要任務：

---

15. 中華人民共和國香港特別行政區基本法
16. *Medical Registration Ordinance*, Cap.161, Laws of Hong Kong
17. See http://www.mchk.org.hk/tc_chi/aboutus/welcome_message.html
18. 同註 8
19. 同註 2

在專業自主和自我規管的原則下，本人及其他委員會竭力履行醫務委員會「行公義，守專業，護社群」的使命。[20]

2018 年 3 月 28 日，政府通過了對 MRO 的修例。新的組合將會引進更多的有組織成員，由病人團體選出，由消費者委員會提名，以及由香港醫學專科學院（醫學院）選出的專業人士組成。[21]

在介紹修例時，政府指出全球趨勢是由更多業外人士參與醫療行業的管理機構，既可以加強公共問責制，又保持專業自律。[22] 該等修訂在截稿前未全面實行，政府還要制訂附屬法例、選出新成員和推行新的紀律制度。官員在通過修訂後向傳媒表示，感謝參與修訂法律的所有人，即立法者、病人、家庭和醫生協會，強調這項修訂是基於來之不易的共識。這說法其實也證明，職業自主權與自律機制的運作是以醫生和病人的良好關係為前提的。

---

20. The Medical Council of Hong Kong (2018). Welcoming Message. [online] The Medical Council of Hong Kong Webpage. Available at: https://www.mchk.org.hk/english/aboutus/welcome_message.html

21. News.gov.hk (2018). "Medical Bill Passed". [online] News.gov.hk. Available at: https://www.news.gov.hk/eng/2018/03/20180328/20180328_195044_752.html?type=ticker

22. Legislative Council Secretariat (2018). *Paper for the House Committee meeting on 16 March 2018: Report of the Bills Committee on Medical Registration (Amendment) Bill 2017.* (LC Paper No. CB(2)1032/17-18). Hong Kong: Legislative Council, p. 2, paragraph 4

海外經驗

本港專業團體的自律制度採用了英國模式。醫委會的成立和管治與英國醫務總會（General Medical Council, GMC）相同。GMC 最初是根據英國《1858 醫療法》設立的，經過多次修訂以解決社會不斷變化的需要。最新的版本是 1983 年的《醫療法》，該法案最近在 2015 年剛修訂，以 GMC 的委員會名義，設立「醫師服務審裁處」（Medical Practitioners Tribunal Service, MPTS），旨在改善 GMC 對於投訴的調查工作。[23]

專業自律在英國有很強的傳統。國民保健署（National Health Service, NHS）在 2000 年代進行了徹底的改革。當時《2003 保健和社會保健（社區衛生和標準）法》（*Health and Social Care（Community Health and Standards）Act 2003*）進行了重大修改，特別是在申訴管道方面。衛生保健審計和檢查委員會（也稱為保健委員會）於 2004 年成立。在 2009 年頒佈了《2008 保健和社會護理法》（*Health and Social Care Act 2008*）之後，保健委員會被為照顧品質委員會（Care Quality Commission, CQC）取代。CQC

---

23. General Medical Council (2018). Our Role. [online] General Medical Council. Available at: https://www.gmc-uk.org/about/what-we-do-and-why/our-mandate

這是一個獨立的衛生和社會保健監管機構，[24] 職責是確保護理院、醫院、牙科服務、診所和家庭護理等機構的服務是安全和有效的。除了 GMC，還設立了專業標準管理局（Professional Standards Authority, PSA）。[25] 這機構的目標是「我們監督監管者」（We oversee regulators）和「我們改善監管」（We improve regulation）。英國選擇運用額外資源增加一層超級機構，推進監管手段的標準化，是什麼原因導致的，而確實有沒有導致一些干預 GMC 決策的結果，有沒有影響到醫學界多年來享有的專業自主權，亦有待研究。[26]

英國政府正考慮其他改革，包括將適用於不同專業監管機構的法例寫在一起，彙編成一套法律。但是，即使在這類重大的改革中，英國當局也承認了必須在一致性和自主權之間取得平衡。[27]

24. 同上。

25. Professional Standards Authority (2018). *Professional Standard Authority*. [online] Available at: https://www.professionalstandards.org.uk/

26. For the rationale of this mechanism, please see Professional Standards Authority (2015). *Rethinking Regulation*: https://www.professionalstandards.org.uk/docs/default-source/publications/thought-paper/rethinking-regulation-2015.pdf

27. Department of Health and Social Care (2011). *Enabling Excellence: Autonomy and Accountability for Health and Social Care Staff*:[online] Available at: https://www.gov.uk/government/publications/enabling-excellence-autonomy-and-accountability-for-health-and-social-care-staff. For further Law Commission Reports, please see: https://www.gov.uk/government/publications/regulation-of-health-and-social-care-professionals

法院眼中的專業自主權

香港醫委會近年被指若干研訊工作滯後。其中一宗案件涉及初生嬰兒夭折，受到傳媒關注。該案件在 2005 年發生，到 2013 年開始聆訊，及至 2014 年 5 月才完成。[28] 所謂「遲來的公義就是不公義」（Justice delayed is justice denied），不合理的延誤直接會使受害人的痛苦與悲痛延長，也會因時間流逝而使證人淡忘事件甚至影響其他證據，導致不公義的結果。醫委會最近加入多位成員，新修訂又即將實施，情況可望改善。醫委會網站現載有其頒佈的裁決書，列明案件的發生時間和審理時間等項目，可讓公眾人士查閱醫委會就個案的處理程序及實質決定此舉不但有助增加醫委會的透明度，也能教育醫療人員及公眾，符合 WMA 宣言的期望。

最後需要指出的是，專業自主中的紀律程序，其目的不是懲罰涉事的醫生，而是評核有無不適合繼續執業和危害公眾利益的專業人員，並作出適當的處分。雖然「侵權法」訂明如果一方因另一方的疏忽而引致損害，前者可向後者索償，而「刑事法」亦指出若一方違反法律，政府可以起訴被告而由法庭判刑予

---

28. The Medical Council of Hong Kong (2016). Complaints and Disciplinary Inquiries: Complaints Against Doctors. [online] Available at: https://www.mchk.org.hk/english/complaint/complaint_01.html

以懲罰，但是並非所有醫療事故都是由於疏忽引起，因此索償的一方如要成功，還需有證據證明具備所有法定要素。

終審法院審理過不少與醫療有關的案件。在 *Dr.U v Medical Council of Hong Kong*（CACV 151/2016）一案中，上訴法院清楚地描述了醫委會紀律程序。根據 *Dr Li Wang Pong Franklin v Medical Council of Hong Kong*（[2009] 1 HKC 352, §35–46）香港法院確認了《醫生（註冊及紀律處分程序）規例》（Cap.161E）就自主組織的紀律聆訊的目的是確保投訴者及被投訴者雙方的權益可以取得平衡，一方面投訴者希望那宗嚴重專業失德的案件可以全面的調查清楚，另一方面也要保護被投訴者（一般是醫生或護士）在行使醫療職務時，不會因為面對有些不能成立的指控而受到威脅或傷害。在醫療倫理的角度，認同醫生的權利應該得到合適的保護並不是偏袒，而是因為權衡宏觀的公眾利益後，我們實在有此必要。試想：如果醫生很容易就被裁定疏忽，飽受被指失德的風險威脅，那麼醫生也是常人，必定採取保守、不願冒險的工作方式，即是俗語所謂「不做不錯」，術語就是「防範式醫療」（Defensive medicine），最終是不利於提高醫療服務質素的。

所以，法律審案及醫療失德的聆訊，是會考慮被投訴人是否連一般的同行的標準都達不到，他們的表現是否在合理範圍，而不是考慮他/她是否完全沒有犯上任何錯誤。

　　在最近英國的案例中，法院對醫生的要求提高了。以前醫生只要證明在發生錯誤的事情上，他的表現在合理範圍就已足夠。法院正在改變這個標準，要求醫生們必須更加了解個別病人的需要，遇到與個別患者相關的風險，必須向他披露風險，確保他是在知情及知道有什麼選擇的情況下同意若干治療方法。這與專業自主有什麼關係呢？筆者認為，這個要求是法院將專業自主與病人自主看齊的開端，也表示法院認真地平衡醫生與病人權益。若然要在醫生與病人之間取得平衡，雙方都應多些對話，互相尊重對方的權利，並需要採取坦率和同情的態度來確定最好的治療方法。這樣的溝通有助減少誤解與矛盾，長遠來説對提升醫療服務及建立更緊密的醫患關係都有益處。

　　在 *Medical Council of Hong Kong v Helen Chan*（2009 年 FACV 13 號）一案，終審法院在判決中評估了醫委會在紀律處分程序中的權力，指出它是「自身程序的主人」（Master of its own procedure），即是「不僅是作出決定，而且還有選擇如何作出決定」。雖然

是「主人」，但其實醫委會也受普通法律及其條例所限。醫委會在網站介紹其投訴及紀律研訊工作時，也說明這點。[29] 如 WMA 的宣言所述，自主的程序必須為公平、合理和透明的，才能獲得公眾的信任。

總之，一個專業團體透過各種機制實行專業自主權和自律，必須時刻擔當其崇高、博學、可以被信賴和以服務社會為己任而不單純謀求利潤的身分，同時亦要尊重病人自主的原則。

去年，香港頒佈了《道歉條例》，[30] 為促進事故各方可以和平解決爭端而達到「雙贏」，社會都普遍關注並期待着看到成果。互相尊重、體諒、維護和理解的醫患關係可以幫助醫生、護士、病人、家屬和其他醫護人員各方在發生不幸的事件中，切身處地去感受和明白對方的立場，在病人和醫者之間取得公正的平衡，才最符合公眾利益。

29. The Medical Council of Hong Kong (2016). *Complaints and Disciplinary Inquiries: Complaints Against Doctors*. [online] Available at: https://www.mchk.org.hk/english/complaint/complaint_01.html

30. *Apology Ordinance*, Cap 631, Laws of Hong Kong, 2017. 媒體報導，可參考：「道歉法」通過成亞洲首例 https://hk.news.yahoo.com/ 道歉法 - 通過 - 成亞洲首例 -221108959.html

第十三章
公共衞生

梁挺雄

香港中文大學賽馬會公共衞生及基層醫療學院教授

香港醫療制度追求持續發展，其中一個目標，是提高社會整體的健康程度。市民重視個人健康當然重要，而以社群為本的公共衛生亦不可或缺。不過，處理突發公共衛生事件往往是一項大挑戰。沙士（SARS）於 2003 年 2 月傳入香港，及後更於社區爆發，共有 1,755 人受到感染，包括 299 人死亡。[1] 淘大花園當時成為受感染的重災區之一，其中 E 座居民較多人受到感染。當局為防止疫症蔓延，於 3 月 31 日對淘大花園 E 座實施隔離，那時整個屋苑約有一百多人受到感染。由於發現該座大樓的環境可能是一個風險因素，當局於 4 月 1 日把淘大花園 E 座居民送到渡假村暫時隔離。沙士病毒是一種新型病毒，有高度殺傷力，但沒有具效力的治療藥物，也沒有預防疫苗可用。對沙士患者及密切接觸者實施法定隔離，能有效控制疫症在社區傳播，屬於一種嚴厲的公共衛生介入措施。有關措施對被隔離者造成人身自由的限制，向來不會隨便動用。

　　在處理一般的公共衛生問題，同樣需要多方面的考慮。公共衛生旨在保障及改善公眾健康，並尋求縮窄不同組別人士的健康差距，是基於促使社會變得更美好的倫理要求。選擇公共衛生介入措施時，須同時

---

1. 嚴重急性呼吸系統綜合症專家委員會（2003）。《委員會報告書》。香港：嚴重急性呼吸系統綜合症專家委員會。

考慮涉及的倫理原則、社會價值觀與信念、科學理據及政府角色等。公共衛生倫理往往涉及保障公眾健康的政策、服務計劃和相關法律的倫理依據，故此，公共衛生倫理亦是公共衛生的核心部分。本章將會以香港面對的公共衛生挑戰作為例子，介紹公共衛生的主要原則，以及相關的倫理概念，並會簡介如何面對一些公共衛生倫理議題。

什麼是公共衛生

雖然公共衛生尚未有統一的定義，但耶魯大學公共衛生專家溫斯洛教授於 1920 年提出的經典定義至今仍被廣泛引述。他指出，公共衛生是通過社會與群體的協調努力和知情選擇，為公眾提供疾病預防、延長生命和促進健康的一門科學與藝術。[2]

公共衛生旨在保障及改善公眾健康。在推行任何公共衛生政策或措施時需要着重以下幾方面，包括公共衛生行動應採取以人口或社群為本而非個人為本的模式、公眾健康是社會各界的共同責任，以及政府有關鍵的角色協調社會各方面的合作夥伴。[3]

---

2. Winslow, CEA. (1920) "The Untilled Fields of Public Health". *Science*, 51(1306), pp. 23–33.

3. Coggon, J. and Viens, AM (2017). *Public Health Ethics in Practice: A Background Paper on Public Health Ethics for the UK PHSKF*. London: Public Health England.

社會不同群組的健康差距需要特別措施應對，而社會有這個倫理責任縮減這種差距，更好地保護弱勢社群及促進社會公義。政府可協調各持分者及資源，提供不同應對措施包括制定政策、強化公共衛生防控疾病架構、引進預防疾病和促進康復服務計劃，及通過或引用合適的法律為施行某些公共衛生措施提供法理依據。

醫學界普遍認為公共衛生機構的主要功能為評估社會健康的需要、協調資源運用、制定政策應對及確保有利健康的條件，這包括高質素的醫療衛生服務、安全飲用水源、食品安全及營養、不受污染的空氣及日常活動的設施及環境等。

那就是說公共衛生與臨床醫學有明顯分別。公共衛生面向人口或社群的整體健康狀況而非個人的身體狀況，強調預防多於治療。公共衛生着重分析及縮減人口中不同群組的健康差距，以及社會或環境因素對健康造成的影響。這些社會或環境因素就是我們成長、居住、工作和休憩等生活條件，包括社區建設及自然環境；居所、學校、鄰舍及工作場所環境；整體社會、經濟及文化狀況，例如地區收入、財富分佈、社會支援與保障等。[4]

---

4. Blacksher, E (2014). "Public Health Ethics". [online] Ethics in Medicine, University of Washington School of Medicine. Available at https://depts.washington.edu/bioethx/topics/public.html [Accessed 9 Apr 2018].

醫學倫理及公共衛生

生命倫理專注任何與生命有關的倫理議題，而近年生命倫理有關醫療衛生的討論較多與臨床醫學倫理有關，包括醫療工作者與患者的關係。臨床醫學倫理着重個人自主、無損害、利益病者、公平正義和保密等原則。

香港特區政府衛生署於 2017 年底公佈人口健康調查結果，調查數據顯示香港約五成年紀介乎 15 至 84 歲的人士屬於超重或肥胖。在受訪人口當中患有高膽固醇血症比例為 49.5%，患有高血壓比例為 27.7%，患有糖尿病比例為 8.4%。[5]

在這些患者當中，未來出現心血管病等慢性疾病的風險不低，對香港醫療服務系統將帶來不少的壓力。面對這些社會衛生挑戰，應考慮適當的介入或預防措施以保障公眾健康。若所採用的治療方案只是施加於個別患者，而有關措施得到當事人同意及符合其利益等，這些措施在臨床醫學倫理角度可被視為合理的。

由於公共衛生工作面向社會整體而非個人的健康、着重預防多於治療及關注整體社會價值，故此上

---

5. 衛生署（2017）。〈衛生署公布人口健康調查結果〉。取自：http://www.info.gov.hk/gia/general/201711/27/P2017112700581.htm?fontSize=1。2018 年 4 月 9 日讀取。

述臨床醫學倫理的原則往往未能作為公共衛生倫理的基礎。特別是許多的公共衛生措施涉及社會政策及各界持分者的整體規範而非個人情況。

有些公共衛生介入措施例如法定營養資料標籤制度，[6]不只是影響個別患者而是整個社會包括非患者及受法例規管的持分者。這些持分者包括工商機構、消費者、政府機構等。若以臨床醫學倫理角度考慮，實難以評估上述的社群為本的公共衛生介入措施的合適性。故此需要引用其他的倫理框架去考慮有關應對整體人口健康問題及相關的環境致病因素的政策及措施。

公共衛生倫理

公共衛生倫理可被視為生命倫理的一部分，但近年已從臨床醫學倫理慢慢分支發展。這與國際社會漸漸認識到面對公共衛生挑戰時，須有不同的應對策略有關。這些策略包括應採取以人口或社群為本的模式、公眾健康是社會各界人士的共同責任及社會各界方面須協調合作。

---

6. 食物環境衛生署（2010）。《營養資料標籤制度》。香港：食物環境衛生署。

公共衛生倫理涉及一個系統化的程序，根據倫理原則、社會的價值觀和信念，以及科學和其他知識，優先考慮可能採取的公共衛生措施及說明理據。[7]

在這系統化的過程中經常遇上的倫理挑戰可包括，如何符合法律要求、如何平衡保障個人的自由和保障公眾健康、如何處理可能出現的利益衝突、如何促進社區參與並同時建立信任、如何使用健康監察數據時能保障私隱及如何分配有限資源等，以保障公眾健康及防控疾病。

公共衛生倫理的價值觀着重保障與促進健康、預防疾病及公眾能享有健康資源的權利，也重視社區的相互依靠、團結、合作、信任和人人能享有健康，並推動以實證為本的公共衛生介入措施。[8]

公共衛生倫理的原則着重多方面，包括解決根本原因的策略，尊重社會人士的權利，重視社區參與，達致健康平等的機會，採用正確的科學理據，獲得社

---

7. Centers for Disease Control and Prevention (2015). *Public Health Ethics*. [online] Available at: https://www.cdc.gov/grants/applying/ [Accessed 9 Apr 2018]

8. Office of the Associate Director for Science (2017). *Good Decision Making in Real Time: Public Health Ethics Training for Local Health Departments*. [online] Available at: https://www.cdc.gov/od/science/integrity/phethics/trainingmaterials.htm [Accessed 9 Apr 2018]. See also Ortmann, LW. et al. (2016) "Public Health Ethics: Global Cases, Pratice, and Context" in DH Barrett et al. eds., Public Health Ethics: Cases Spanning the Globe. Avaliable at: http://www.springer.com/gp/book/9783319238463 [Accessed 9 Apr 2018].

會共識，適時回應健康問題，掌握面對與處理文化差異的能力，改善社會和自然環境，公共衛生人員的專業能力及促進社會各界的合作以建立信任等。[9]

當公共衛生當局、相關工作人員或持分者決定應否或何時推動某些公共衛生政策或措施時，需要同時考慮相關的倫理依據。在評估任何的公共衛生政策及介入措施時，若不了解有關的倫理含義，實則難以評估有關的政策及介入措施是否適當。故此，公共衛生倫理不應在公共衛生政策及介入措施已經落實以後才作出考慮的。公共衛生倫理實在是公共衛生決策的核心部分，是任何政策及措施制定時需要考慮的。

雖然倫理是公共衛生政策和措施的重要部分，但我們不能夠假設所有公共衛生政策制定者、持分者或公眾，對相關的倫理或價值觀有一致的看法。個人或社會不同持分者，不一定會同意個別的價值觀及其相關的比重。與此同時，公共衛生政策的制定者或工作人員都有不同倫理上的認識，也有不同的倫理教育及培訓。故此，面對同樣問題往往有不同的取態與看法。

---

9. Office of the Associate Director for Science 2017). See also Public Health Leadership Society (2002). *Principles of the Ethical Practice of Public Health*. [online] Avaliable at: https://www.apha.org/~/media/files/pdf/membergroups/ethics_brochure.ashx [Accessed 9 Apr 2018].

慢性非傳染病的挑戰

與世界很多地區一樣，香港愈來愈多人患上非傳染病，導致健康惡化、傷殘及早逝。非傳染病是成年人住院及死亡的主要原因。非傳染病的風險因素，例如不健康飲食、缺乏體能活動和吸煙等生活方式並不罕見。該等生活方式及其衍生的多種疾病，在貧困和弱勢社群中亦較常見。隨着香港人口增長和老化，香港在非傳染病方面的負擔在未來將會進一步增加，在醫療服務、社會照顧和經濟增長方面，都會帶來負面及長遠的影響。

為了更具效益和效率地處理這些問題，特區政府衛生署與來自不同專業和界別的 40 多位代表舉行專家會議，制定了一個在香港預防和控制非傳染病的策略框架。在制訂策略框架過程中，採用多項公共衛生學的指導概念，亦參考了世界衛生組織有關預防疾病和促進健康方面的指引及其他國家防控非傳染病的相關工作經驗。這份《促進健康 —— 香港非傳染病防控策略框架》的文件 [10] 已於 2008 年 10 月發佈。此文件闡述預防和控制非傳染病的基本原則，並訂明了遠景、目標及策略方針，以幫助建立一個有助維持香港人口健康的環境。

---

10. 衛生署（2008）。《促進健康：香港非傳染病防控策略框架》。香港：衛生署。

特區政府之後成立一個高層督導委員會，由食物及衛生局局長當主席，成員來自政府、公私營機構、學術界、專業團體以及本地主要合作夥伴的代表。高層督導委員會考慮和監察整體計劃和策略，及督導成立各工作小組，就須優先處理的工作提出意見，並制訂目標和行動計劃，包括實務指引、工具和說明社會各界如何參與，成為合作夥伴。為應付過重及肥胖、心臟病及糖尿病等主要風險因素所引致的迫切問題，處理飲食及體能活動的工作小組率先於 2008 年成立。而負責其他優先範疇的工作小組之後分階段成立，這包括飲酒與健康工作小組、損傷工作小組及防控非傳染病專責小組。在此期間所涉及的各個界別繼續提供並加強現有服務和計劃。

　　大腸癌連續三年成為香港最常見癌症之首，也是本港第二最常見的致命癌症。根據政府癌症預防及普查專家工作小組的建議，政府 2016 年 9 月展開為期三年的大腸癌篩查先導計劃。這項先導計劃與業界合作推行，由政府分階段資助於 1946 至 1955 年出生及沒有大腸癌徵狀的香港居民接受大腸癌篩查。根據衞生署的數字，在先導計劃推行的首十二個月，有 5,286 人的大便免疫化學測試化驗結果呈陽性，當中 4,501 人已完成大腸鏡檢查，包括 3,974 人需要切除瘜肉。瘜肉化驗結果顯示有 3,089 宗個案屬大腸腺瘤，而 291 宗則為大腸癌。大腸癌是可以透過健康生

活模式和有系統的篩查加以預防。篩查有助及早識別
患者或有機會患病的人士，從而及早為他們提供治
療，增加治愈機會。政府會以先導計劃獲得的經驗進
行檢討和成效評估，制定未來的篩查策略，決定是否
及如何更好地將大腸癌篩查推展至覆蓋更多人口。[11]

公共衞生倫理的決策

面對公共衞生的問題或挑戰，社會人士在公共衞
生倫理的決策程序中應包括分析、評估及說明理據三
個階段。[12]

在分析公共衞生問題時，應考慮公共衞生的目
標、持分者的價值觀、介入措施的風險、法律依據、
可能的客觀或環境限制及倫理指引等。

在評估可採取的公共衞生措施的階段時，需要考
慮有關措施是否利多於弊、對個人及社會的影響、社
會公義包括對不同組別的利益與負擔及是否能促進健
康平等、符合社會民情及價值觀等。

---

11. 香港特別行政區政府（2017）。〈衞生署推出第三階段大腸癌篩查先導計劃〉。取
   自：http://www.info.gov.hk/gia/general/201711/20/P2017112000418.htm。2018 年 4
   月 9 日讀取。
12. Ortmann, LW. et al., 2016.

在說明理據階段，須要指出公共衛生目標能否達到社會利益大於被超越的道德要求、有關措施的必要性、為最低限制性的措施、決策過程的公平及透明度、持分者的參與及作出的平衡考慮。

處理健康差距

社會不同群組的健康差距需要特別措施應對，以便好好地保護弱勢社群。政府可協調各持分者及資源，提供不同應對措施包括制定政策、引進預防疾病和促進健康服務計劃，及通過或應用合適的法例為施行某些公共衛生措施提供法理依據。

季節性流行性感冒在每年冬季常在香港廣泛傳播。流行病學的分析顯示流感往往對長者及幼童構成更大的風險。因為這類患者較多出現併發症、需要入院治療或死亡。預防流感的有效措施包括推動社區健康教育、加強個人與環境衛生及接種季節性流感疫苗。若流感疫苗與流行的病毒吻合能大大減低染病、出現併發症或死亡的風險。在爭取社會支持及獲得立法會通過撥款後，政府近年提供免費或資助流感疫苗接種予上述長者、幼童及其他符合資格的人士。有關服務計劃是通過協調不同持分者推行落實，包括衛生署、醫管局、私家醫生、安老院舍、學校、殘疾人士

院舍、指定社區日間中心、庇護工場和特殊學校等。所採用的季節性流感疫苗是世界衛生組織建議及符合法例要求的註冊藥物。

香港自 2014 年 12 月底進入冬季流感季節，由於當中主要流行的 H3N2 病毒株出現抗原漂移，以致當時採用的北半球季節性流感疫苗保護率下降。衛生署衛生防護中心轄下的疫苗可預防疾病科學委員會討論關於在香港採用 2015 南半球季節性流感疫苗的建議。根據風險評估，該科學委員會建議長者優先接種南半球季節性流感疫苗，為可能出現的夏季流感季節提供保護，及防止院舍爆發流感。政府接納有關的專家建議，決定購入南半球季節性流感疫苗及分階段為所有居於安老院舍的院友及居於社區的長者，免費提供疫苗接種。南半球季節性流感疫苗一般只供南半球地區使用，供應有限。當時本港推行這項特別流感疫苗接種措施，最後確能為高齡長者提供額外保護，減少因流感住院及死亡。

結語

公共衛生措施旨在保障公眾健康，是基於促使社會變得更美好的倫理要求。掌握人口中健康狀況、疾病分佈、致病因素及不同組別的健康差距是公共衛

生的基本工作。公共衛生專業人員和社會各界須致力改善公眾健康情況及縮窄健康差距。當我們深入討論時，會遇到一些倫理問題。例如，我們是否希望能有同樣的機會擁有健康的身體？哪些群組應優先得到社會幫助？資源應如何運用以達到更佳的整體健康？社會各界的角色為何？政府應有的責任為何？

公共衛生倫理學的框架可協助我們就這些複雜問題提供做決定的指引。公共衛生倫理建基於公共衛生理念及相關的倫理概念。這些包括提供有利公眾及無損害的公共服務、社會及群體中各人之間的相互倚賴，及共同作決定選擇合適的方案，以達致公共衛生的目標。故此，公共衛生的領袖及推動者，須具備勇氣提倡相關的價值觀和目標，特別在建立社會共識、推動長遠政策、以至移風易俗。無論如何，公共衛生政策及介入措施的成功都需要視乎公眾的接受程度。

結論
醫療倫理和香港醫療專業的可持續發展

區結成
香港中文大學生命倫理學中心總監

本書作者在多個範疇討論香港醫療服務和專業倫理的現況，從不同的切面提供焦點，探討未來持續發展面對的挑戰。

在編寫期間，香港的醫療服務常處於極為緊張的狀態，公立醫院急症室與病房持續飽和，輪候情況惡劣，私營醫療的服務亦見緊張，願意付錢的病人發現預約私家醫院的病床和手術室亦不是唾手可得，而高昂的高科技醫療費用令一般中產階層也難以負擔。高科技和高度專科化的服務模式，加上薄弱的基層醫療和對住院服務的倚賴，並不適應急劇高齡化人口的醫療健康需要。

如果說，醫療的可持續性問題是一場醞釀中的危機，政府對危機不是沒有察覺。2008 年，當政府就醫療改革和輔助融資方案分階段諮詢公眾，諮詢文件《掌握健康 掌握人生》第一章開宗明義就指出，儘管香港建立了令人稱羨的醫療制度，然而，人口老化、科技進步令醫療成本上漲、與生活方式有關的疾病病患率不斷上升，導致醫療開支迅速增長，速度超越本港的經濟增長。如果不進行改革，下一代的負擔將會愈來愈重。[1]

---

1. 食物及衞生局 (2008)。《掌握健康 掌握人生》諮詢文件。香港：食物及衞生局。取自：https://www.fhb.gov.hk/beStrong/tc_chi/consultation/consultation_cdhcr_cdhr.html。2018 年 4 月 25 日讀取。

可持續的醫療生態觀

陳浩文在本書的導言為各章作者點題,提示「可持續性」的概念源自環境學科對社會發展的探討,關注發展中的矛盾關係,尤其是質素、資源不足、跨代持續發展和公平分配等社會倫理的問題。

在醫療服務的脈絡,我由此引申「可持續發展」的關注,歸結為兩個核心概念:一、發展能否持續地、普及而平等地滿足人類社群的需要;二、在滿足目前的需要的同時,更要關注後代的需要。

從環保角度,這意味不應以「竭澤而漁」的方式耗用資源來滿足目前的需要。在醫療方面,「可持續發展」的關注同樣需要一種珍惜資源的生態觀。傳統上,醫學專業倫理的焦點在「醫患關係」,宏觀的問題屬於另一個層面;生態觀則是有機地觀察醫患關係、醫學專業倫理與系統制度面對的壓力和挑戰。

當我們說「香港建立了令人稱羨的醫療制度」,這不是虛浮的自我表揚。彭博(Bloomberg)有一個年度排行榜,比較 48 個已發展之國家和地區醫療系統效率,以平均壽命、人均醫療成本以及人均醫療成本所佔人均本地生產總值的百分比為評分條件,香港多年位居榜首。問題是,在極高的醫療效率背後,反映的是醫生和其他醫療人員高速密集式甚至是流水作業的工作方式,未必滿足病人的目前需要,更不大可

能對應人口老化和醫療科技帶來的持續挑戰。超高效率的系統能否持續？在超負荷環境底下，醫療專業倫理能否維持不墜？

美國醫學研究院（Institute of Medicine, IOM）是現今美國國家醫學科學院（National Academy of Medicine）的前身。2001 年 IOM 在一份國家衛生保健服務品質報告（National Quality Report on Health Care Delivery）提出，高質素的醫療應包含以下特點：及時、安全、有效、高效率、公平、以病人為中心（Timely, safe, effective, efficient, equitable, patient-centred）。[2] 香港醫療的強項是「高效率」和「公平」；「安全」、「有效」或者可列中等水平；至於在「及時」和「以病人為中心」兩項，香港醫療的可議之處很多，與國際水平相比，只能算是我們的弱項。

從這個框架看，當香港醫療的可持續性出現危機，浮現的問題首先會在不能「及時」，例如輪候時間愈來愈長；忽略「以病人為中心」，就會變得只顧方便醫療人員高速工作不理病人感受，而專科高度分科割裂，互不溝通令病人無所適從。「安全」的問題會見於醫療事故，但亦會見於因系統疲勞得過且過的質素下降。「有效」的問題則是相向的，既可以

2. Institute of Medicine (2001). *Envisioning the National Health Care Quality Report. Washington*, DC: The National Academies Press. https://doi.org/10.17226/10073.

是出在醫學發展的停滯守舊，亦會發生在不理實證知識地濫用診治科技，不顧及過度治療對病者會造成的身心負擔。

當我們從這些角度觀察，就可能發現，醫療的可持續性原來不單單是醫療融資問題，它與醫學專業和倫理是相關連的。如果專業倫理守不住，財政資源並不能令良好的醫療服務持續發展。反過來，當可持續性失衡，專業倫理亦要面臨被侵蝕磨損的危機。

不同切面的觀察

以上的綜論提供了一種思路，讓我們留意各章作者關注的焦點是什麼，不同切面拼為全圖時，又可以看見什麼。以下是筆者所看見的，只是摘記一、二，當然並不能完整反映各章的主旨，一經過濾，亦當然有詮釋（Interpretative）的成分。

第一、二章（區結成〈病人自主與家庭〉以及江德坤〈老年與老化〉）有些焦點可以放在一起思考。西方醫學倫理有四大基本原則，其中自主原則常被放在首要地位。江德坤〈老年與老化〉一章仔細討論了，在老年人的病例中，自主原則與其他原則有時會相牴觸。當然相牴觸的情景在年輕病人中也會發生，但是由於神經退化疾病和腦血管疾病在老年人愈來

愈普遍，評估病者自我作出決策的能力變得更重要，若是病者精神上無行為能力，有需要尋求家人協助，這就要小心，因為處理不善時很易導致趨向家長式決策，忽略老人的需要與意願甚至有損其最佳利益。筆者〈病人自主與家庭〉一章分析在醫療決策過程中，怎樣才能合理地調和家庭參與和尊重病人自主原則。

而江德坤同時亦提到，雖然有人認為這醫學倫理四大項原則可以視為是普世價值，但在應用到現實生活時卻難以從相關的社會抽離，因而主張應考慮其文化背景，以至經濟和政治的環境。區結成則引用邱仁宗提醒專業人士，即使在中國內地的社會情景也應小心避免簡單地使用文化習俗為理由，傾斜向家庭成員的意見。台灣學者也提醒，現代的家庭模式已非往昔般單純，未必和諧，家庭功能也未必正常，在老年病案邀請家人參與醫療決策時，需要區分「健全的家庭」和「不正常的家庭」。

宏觀地看，江德坤尤其關注公平使用醫療服務的問題。社會資源並非無限，老人醫療健康和社會福利是否優先（敬老仍是香港人的價值觀）？抑或依一些「公平分配論證」（Fair innings argument）的論點，可以視老年人為已經在一生中獲取了應有的權利，資源應撥給年輕人？江德坤認為後者並不成立，但從老人科的視野，給老年人的醫療並非一個愈多就

愈好的「量」的問題，如果把不適當的治理方式套在老年人身上（如濫用約束物品，以為可以降低跌倒的風險），結果是適得其反，併發症多了，住院時間更長，耗用資源更多。區結成則在宏觀角度表示，現代研究顯示，社會支援包括家庭支援是能夠降低發病率和死亡率。醫療體制若能把醫生的專業角色擴充，不限於狹義的個人層面的醫患關係，積極動員家庭支援，例如提供照顧者訓練，較為容易尋找合符倫理的照顧方案，對醫療服務的可持續性亦有助益。

在第三章，〈醫療資源分配與融資改革〉中，冼藝泉概述在香港近年的醫療融資改革討論當中，構思的各種方案的利弊，亦對照出，目前的模式簡單地以稅收支撐資助比例極高的公營醫療，服務選擇少，亦不能促進競爭。長遠而言，此模式的融資也不能持久，更令市民欠缺誘因善用公營醫療服務。無法持續提供融資會特別地影響最需要倚賴公營醫療系統照顧的高風險組別人士，如長期病患者和長者等，這亦關乎倫理學的公平公義問題。

冼藝泉還提出一點憂慮：在醫療系統緊絀的情況下，醫生在治療病人時，會面臨有違所授的專業培訓及道德標準的矛盾。意思是，病人得不到專業上認為是最好或最新證明一定療效的治療。如果為病人爭取有一定療效的治療，其機會成本損及其他病人群體的

醫療效益，又怎樣取捨和平衡？在經濟蓬勃時期，政府可以額外撥款回應個別訴求，但這不是一個可持續的政策方向，因為愈來愈高的社會大眾期望不能用一次兩次額外撥款紓解。

在〈生物醫學科技的研發與應用〉一章，衛家聰帶出了醫療科技評估（HTA）的重要性。以實證為本作決策，要做好效益和風險評估，才引入和使用新科技，既保障病者，亦因降低風險而保障了醫護人員。宏觀地看，有效益地使用日新月異的昂貴醫療科技，對醫療的可持續性也有關鍵性的影響。

衛家聰更重視在醫學科研上的倫理，從現代醫學科研倫理管治的歷史由來闡釋為何這是特別需要細緻慎重的程序保障。在這個範圍，本章可以與張文英〈知情同意〉一章合併閱讀。張文英關注知情同意在實踐上的多方面的困難。這是一個特別重要的倫理項目，不但關乎保障病人或科研受測試者，亦是根本上要尊重個人自主。

知情同意在實踐上其中一個困難是風險溝通。說醫療程序九成以上安全，和說明有百分之五至十的死亡率，在數值上意思相近，以風險溝通的效果而言卻是十分不同的描述。在所舉的公立醫院案，作者和讀者都可能傾向以直接說明死亡率為較佳，但醫學溝通的訓練中，不少人認為醫生不應為保障自己一味羅列

風險數字，令病人恐懼而拒絕進行有需要的手術。這的確是需要小心平衡。

「防範式醫療」須警惕

張文英特別提出，要良好實踐知情同意，需要資源和時間，目前香港公營醫療的狀況如果沒有改善，病患及其家屬會有更多質疑或投訴，醫護人員在沉重的壓力下可能選擇離職，令整個醫療體系更不能持續。

醫護人員缺乏資源和時間實踐知情同意，當醫患關係失去互信，還有一項隱藏的後果，就是醫生可能以「防範式醫療」（Defensive medicine）以保障自己。黃大偉在〈醫療失誤與病人安全〉一章沒有使用這個負面概念作為論述框架，而是正面提出，要改變找代罪羔羊的文化，變成注重病人安全的文化。2017年立法會通過了《道歉條例》，指明道歉並不代表承認過失或責任，有助醫生和醫療機構減少戒心，坦誠面對錯誤向病人披露失誤並作出道歉。

與張文英一樣，黃大偉擔心香港的公立醫院專科新症的輪候時間長，要排期進行檢查（如內窺鏡等）亦要等候，加上人手不足、工作過勞、環境擠迫等因素，制度上也會造成失誤。

謝俊仁在〈臨終治療抉擇〉一章明確指出，現代
醫療大量應用科技，要能夠持續發展，社會必需避免
科技與療效錯配。但是，對於末期病人，用呼吸機等
科技維持生命，其實只是延長死亡過程，對病人可能
沒有意義甚至增加痛楚。

　　這並不是發展這些醫療科技的本意。在關注誤用
科技令資源錯配之外，作者尤其重視病人自主和病人
利益等倫理問題。在適當情況下不使用和撤走沒有意
義的治療並不等同安樂死。「預設醫療指示」與「預
設照顧計劃」有助合理地作出臨終治療抉擇。這兩者
都不是出於節省資源的考慮，但任何減少濫用科技的
治療方式也會間接有助於可持續發展。

　　鄧麗華在〈精神科治療與醫學倫理〉一章縷述精
神科治療在香港的歷史發展和觀念上的更新。香港的
精神科治療非常重視醫學倫理，尤其在涉及平衡病人
自主與風險管理上面，不會輕易地因為個別涉及精神
病人的社區暴力事故而動搖根本的倫理原則，但「社
區強制治療令」是重要的政策課題。這涉及是否能有
效地成為配套，讓精神科治療能夠更好地去院舍化
（Deinstitutionalization）。這也是一個關乎可持續發展
的重要焦點。

可信任的制度

李志光〈兒童醫療倫理 —— 家長與兒童〉一章的焦點在於如何決定什麼才是兒童的最佳利益。外國的真實案例顯示，苦心的家長爭取讓病童接受療效未盡的昂貴治療，雖然他們可能是過分憂慮，但事後也證明醫院過於保守的例子。李志光指出，醫生通常是在強勢一方，他們是專業而且有一個強大醫療系統在背後支援，家長有時只是勉強接受醫院決定。良好的醫療系統應該減少醫生與家長之間的張力。系統制度可信，家長會更信任醫生；醫生若能夠秉持專業，家長也會更加信任制度。

林德深在〈新生兒遺傳篩選的倫理討論〉明晰地敍述了新生兒篩選檢查在香港的發展。一代又一代的新科技令罕有的遺傳病及早得到診治或進行適當的防禦措施，但其中倫理問題需要注意。自 2003 年人類基因組計劃完成後，新的科技篩選力量日益強大而且廣譜、篩選技術和基因測試也愈來愈便宜。問題是發現的基因異常未必有已知的臨床的後果，篩選出來可能徒增焦慮。因為篩選附帶的發現不知有何臨床意義，在檢查之前做好知情同意並不容易。宏觀地看，醫療服務如何承接大量篩選出來又未必可治的基因變異個案，是漸見迫切的問題，不能沒有配套支援。

器官捐贈倫理是一個特殊的主題，折射出可持續
政策背後必須有小心的倫理考慮。陳浩文、范瑞平及
徐俊傑在〈器官捐贈──不是自願便是默許？〉剖析
了香港特區政府正在諮詢市民的一項器官捐贈政策：
預設默許（Opt-out）。香港現時採用的機制是，只有
明確表示願意於死後捐出器官的人才是捐贈者，而且
最終還要家人不反對才能成事。預設默許機制則是假
定沒有明確拒絕捐出器官的人即為捐助者。直覺上是
擴大了捐贈器官的來源，令制度應較可持續，但作者
從倫理角度與實際效用角度兩方面提出質疑，認為
「硬性」的預設默許機制並不可行，而「軟性」的預
設默許機制（容許家庭成員參與確定個人的意願），
仍需要考慮公信力的問題，令市民知道政府會確保個
人的自主權獲得充分的尊重。

　　梁挺雄以豐富的公共衛生經驗析述公共衛生倫理
從臨床醫學倫理慢慢分支後的發展。系統性的公共衛
生發展必定有利醫療的可持續性，挑戰在如何平衡保
障個人的自由和保障公眾健康，處理利益衝突，保障
私隱，以及有效分配資源保障公眾健康。公共衛生介
入措施需以倫理原則，也依靠社區合作和公眾信任。
在這方面與臨床醫學面對的要求是連貫的。

　　羅德慧律師寫〈專業自主權與公眾利益〉深入
而及時。「專業」有其特徵，自主權包括按官方認可

的資格執業，容許行業有進入障礙，而且自行組織管理專業行為和道德標準，後者關乎專業自律，是特權亦是對公眾的責任。醫學組織的存在不是為保障個別成員的利益，專業自律組織的目的與工會不同。醫生專業在變化中的現代社會面對商業化的挑戰，在「做好事」和「取好報酬」之間有道德張力。社會對專業自律組織的期望日增，要求處理投訴及紀律研訊工作時，秉持公平、合理和透明的程序和以公眾利益為前提。

羅德慧提出兩方面的觀察，都有深遠影響。一是法院案例中，對醫生的要求正在提高，在發生錯誤的事情上，醫生的表現不能只求在同業視為合理範圍就足夠。二是英國政府在專業自我監管的 GMC 之外，另設專業標準管理局和醫療申訴管道。法院判例的走向會否令醫生趨於「防範式醫療」？英國政府設立各層面的新架構後能否地有效地加強保護病人，抑或成為疊床架屋的官僚體制，損害專業自主和醫療發展的可持續性？

前瞻專業自主與可持續性

不同切面的觀察放在一起有互補與協同效應。本書作者的視點多元，並不是齊整一致的，但卻有共通

的視野。基於這共通的視野，我們能否為未來專業自主與醫療的可持續性作出前瞻，勾勒出挑戰和因應之道？在變動不居的時代，把玩水晶球窺視未來似乎是不智的，而回顧香港十多年間的醫療改革倡議，殫精竭慮，到頭來只有「自願醫療保險」和極為有限的公私營合作計劃可以起步。在香港，無論政府還是公眾對大力改革制度以回應重大挑戰的胃口十分有限。

乏力前行的因素還有：因猜疑而欠互信的醫療生態、有效的公共討論平台十分欠缺，以及僵固的法例和體制。

眾所周知，人口老化、醫療科技昂貴和公眾對醫療期望日增，對未來維持醫療質素（Quality）和服務可及性（Accessibility）是重大挑戰。在筆者看來，政府面對壓力，因應之道不能只是增加撥款；市民求醫難，因應之道不能只知爭取權益；專業面對壓力，因應之道不應該是自衛防範明哲保身 。這幾點背後的道理是自明（Self-evident）的。問題是如何可以破局，從無效的慣性互動中解放，活潑地迎接挑戰甚至化挑戰為新的動力。

醫學專業是一個可信的社會制度的一大柱石。這柱石值得珍惜，因為它有很大的社會穩定作用。瞻望未來，專業力量應該成為改進現狀的動能（Capacity），自我更新並推動創新。值得考慮的範圍

包括：促進輔助醫療（Allied health）和護理專業的能力，分擔工作；推進社區醫護照顧包括良好的生命晚期照顧；教育公眾以實證為本原則看待新的醫藥科技；敢於正面批評濫施和濫用醫療的現象等等。

醫學倫理原則的核心是為裨益病人和秉持公平，沒有誰比醫學專業本身更通盤了解當現有醫療水平不可持續發展時，病人會如何受損害，以及會出現多大的不公平現象。

不是說維持醫療的可持續性的責任只在醫學專業肩上，但專業自主的權利要擴充為改進整個醫療系統的責任感，醫學專業本身才可以健康地持續發展。